Evoluzione della Forma
Parte sesta
Gli animali sacri nella scultura
del Paleolitico
Loro evoluzione nelle religioni
protostoriche e storiche

COLLANA EVOLUZIONE DELLA FORMA
di Pietro Gaietto

PARTE I
FILOGENESI DELLA BELLEZZA

PARTE II
CELLULE INTELLIGENTI E LORO INVENZIONI

PARTE III
EROTISMO E RELIGIONE

PARTE IV
SCULTURA ANTROPOMORFA PALEOLITICA

PARTE V
CATALOGO DELLA SCULTURA PALEOLITICA EUROPEA
COLLEZIONE GAIETTO

PARTE VI
GLI ANIMALI SACRI NELLA SCULTURA DEL PALEOLITICO
LORO EVOLUZIONE NELLE RELIGIONI PROTOSTORICHE E STORICHE

PARTE VII
ICONOGRAFIA DELLE RELIGIONI OCCIDENTALI
DAL PALEOLITICO AI NOSTRI GIORNI

PARTE VIII
CONCETTUARIO DEGLI STILI
GIROVAGANDO PER L'ARTE

PARTE IX
IL CAVALLO E LA RUOTA

PARTE X
IL CANE E L'UOMO

PARTE XI
HOMORIGINE

PARTE XII
CACCIA E GASTRONOMIA

PARTE XIII
LA MOLLETTA PINZANTE

PARTE XIV
ASCE

PARTE XV
LA FELICITÀ

Coordinamento editoriale, fotografie Licia Filingeri e Pietro Gaietto
III Edizione riveduta Ottobre 2019
Copyright © 2013-2019 Pietro Gaietto
ISBN 978-1-326-63580-0

Tutti i diritti sono riservati. E' vietata la riproduzione dell'opera o di sue parti con qualsivoglia mezzo, comprese stampa, fotocopia, digitalizzazioni su Internet, e-books, se non nei termini previsti dalla legge che tutela il Diritto d'Autore.

©2008 Pietro Gaietto
gaietto@fastwebnet.it

PIETRO GAIETTO

GLI ANIMALI SACRI NELLA SCULTURA DEL PALEOLITICO

LORO EVOLUZIONE NELLE RELIGIONI PROTOSTORICHE E STORICHE

Leonessa con corpo umano. Avorio. Aurignaziano, 32.000 anni. Grotta Hohlenstein-Stadel, Germania. Museo di Ulm. Particolare da Fig. 45, pag.23.
Wikimedia Public Domain © 2008 Gaura

Indice

Introduzione		5
1	Gli animali nelle ere glaciali e interglaciali	7
2	Tipologia delle sculture degli animali sacri	8
3	Mammut	10
4	Rinoceronte	12
5	Ippopotamo	14
6	Leone	18
7	Leopardo o Pantera	24
8	Cavallo	26
9	Alce	27
10	Capra	31
11	Bisonte	34
12	Toro	36
13	Orso	38
14	Cane	41
15	Foca	43
16	Uccello	44
17	Pesce	50
18	Serpente	53

Testa di leonessa, modellata in terracotta, alt 4 cm, Civiltà gravettiana, Dolní Věstonice, Moravia, Repubblica Ceca. Età 18.000-10.000 anni.

Introduzione

Nel Paleolitico medio e nel Paleolitico superiore l'uomo è presente in successione cronologica in quattro diverse specie, ora estinte: *Homo habilis*, *Homo erectus*, *Homo sapiens arcaico*, *Homo sapiens neanderthalensis* e *Homo sapiens sapiens* in 5 varietà: tipo di Grimaldi, di Combe-Capelle, di Předmostí, di Oberkassel, di Cro-Magnon, e forse altri non trovati. Nell'uomo, comunque, molti sono stati gli incroci tra specie diverse, anche a seguito di frequenti migrazioni che hanno contribuito alla formazione dell'uomo moderno.
Nel Paleolitico medio, tutte queste specie umane hanno fabbricato sculture litiche.
La più antica scultura in pietra è stata scoperta nella Gola di Olduvai (Tanzania), datata a 1.700.000 anni. La si ritiene prodotta da *Homo habilis*, il primo uomo. Raffigura una testa vagamente umana che viene interpretata dai più noti paletnologi come una raffigurazione di *Homo habilis*.
Le più antiche sculture del Paleolitico inferiore sono prevalentemente antropomorfe.
Nel Paleolitico medio aumentano in percentuale quelle che raffigurano animali e così pure nel Paleolitico superiore.
Via via, la tecnica di lavorazione si affina sempre più, anche per l'uso dell'avorio.
Per quanto riguarda invece le sculture del Paleolitico raffiguranti mammiferi, la maggior parte degli archeologi che le hanno descritte le hanno denominate genericamente animali. Per circa cinquant'anni, anch'io mi sono valso della denominazione "animale", tuttavia usando il termine "mammifero", quando gli animali non erano chiaramente interpretabili per specie.
In questo libro faccio il tentativo di assegnare ai mammiferi presi in considerazione il nome della specie: Mammut, Rinoceronte, Ippopotamo, Leone, Leopardo, Cavallo, Alce, Capra, Bisonte, Toro, Orso, Cane, Foca.
Invece non ho interpretato la specie per l'Uccello, il Pesce e il Serpente, essendo impossibile e quindi non utile, neanche come vaga indicazione.
La mia tesi è che questi animali sono stati raffigurati in scultura, in quanto molto probabilmente erano ritenuti "sacri", anche se alcune specie servivano per l'alimentazione.
Nel libro viene messo in luce che per certune di queste specie c'è stata una continuità di culto nelle religioni dei periodi storici, che in taluni casi dura tuttora. Vi è al proposito una ricca documentazione con le fotografie e i disegni delle sculture, per dimostrarne l'evoluzione dal Paleolitico ad oggi.
La documentazione è completata da fotografie delle specie animali ora viventi, considerando che, ai fini della raffigurazione in scultura, queste specie moderne non comportano fattezze differenti rispetto a quelle estinte del Paleolitico.

Pietro Gaietto

Busto della dea egizia Sachmet con testa leonina. Circa 1370 a. C. Altes Museum, Berlino.
Particolare della Fig. 37, pag. 20.
Copyright 2006 Captmondo, Gnu Free Documentation License, Creative Commons Attribution-Share Alike 3.0 Unported

Gli animali nelle ere glaciali e interglaciali

Nel periodo della loro massima espansione, i ghiacciai ricoprivano la Scandinavia, parte dell'Inghilterra, della Germania e le Alpi. Di conseguenza, oltre metà dell'Europa non era abitata dall'uomo.

Durante tutto il Quaternario, per circa due milioni di anni, in Europa vi sono stati periodi glaciali con climi differenti, e interglaciali con climi anche più caldi dell'attuale.

Nei periodi interglaciali degli ultimi 500.000 anni, la fauna europea era di tipo africano. Il moderno ippopotamo (*Hippopotamus amphibius*), che abita tuttora nell'Africa equatoriale, era diffuso dal Sud Europa all'Inghilterra meridionale. In Italia ne sono stati rinvenuti migliaia di esemplari, prova evidente che la regione ne era ricchissima.

L'ippopotamo era compagno dell'*Elephas antiquus* e del *Rhinoceros Mercki*, tutti estinti.

Nei periodi glaciali, la fauna era quella del clima freddo. L'uomo e gli animali vivevano in Europa nelle zone non coperte dai ghiacciai, e sembra che in certi periodi il clima fosse anche abbastanza mite.

Nei periodi più freddi del Quaternario, l'alca reale (*Alca impennis* aut *Pinguinus impennis*. L.) si è spinta, scendendo lungo le coste, fino alla Spagna e all'Italia meridionale. I suoi resti sono stati trovati nella Grotta Romanelli, nel Comune di Castro, in provincia di Brindisi. Nella sua forma era simile all'attuale pinguino (Fig.1). L'alca si è estinta alla fine del XIX secolo.

L'animale simbolo dell'era glaciale è il mammut (Fig.2). Era peloso, ed aveva le zanne molto più grandi di quelle dell'attuale elefante. L'uomo ha cacciato assiduamente questo pachiderma, per nutrirsi, per procurarsi pelli con cui coprirsi e ripararsi dal freddo, e per l'avorio con cui ha prodotto sculture e monili.

Nell'Europa dell'Est sono state trovate capanne fatte con le sue ossa. Sembra che si sia estinto nel V millennio a. C. in Siberia.

Il rinoceronte lanoso (*Rhinoceros tichorhinus*) (Fig.3) era compagno del mammut, unitamente al quale, ne sono stati trovati esemplari in perfette condizioni nei ghiacci fossili della Siberia e nelle cere fossili di Starunia, in Galizia.

Gli animali tipici del Circolo Polare Artico sono gli orsi polari e le foche moderne, che vi vivono attualmente.

L'orso polare (*Ursus maritimus*) è conosciuto nel Quaternario per un cranio trovato nella regione circostante Amburgo, citato da K. A. Von Zittel.

Non ho conoscenza di reperti di foca polare del Quaternario sulle coste europee, ma se l'alca reale è arrivata sulle coste del Mediterraneo, posso supporre che vi sia contemporaneamente giunta anche la foca (Fig.4).

Nel 1880 la foca monaca (*Monachus monachus*) era frequente su tutte le spiagge italiane, mentre oggi sopravvive solo su alcune spiagge della Sardegna.

L'alce del Quaternario (*Alces latifrons*) è vissuta in tutta l'Europa e nei periodi freddi era frequente in Italia. L'alce moderna (*Alces machlis*) (Fig.5) è tuttora vivente in Scandinavia e nella Siberia del Nord. Era tuttavia molto più diffusa in Europa qualche secolo fa; la sua sparizione non è dovuta a motivi climatici, ma alla caccia.

Fig. 1   Fig. 2   Fig. 3

Fig. 1 Pinguini del Polo Sud simili all'Alca reale (*Alca impennis* aut *Pinguinus impennis*. L.) vissuta nel Polo Nord.
Fig. 2 Mammut lanoso (*Mammuthus primigenius*). Royal B C Museum, Victoria, British Columbia.
Copyright 2008 Tracy, Creative Commons Attribution-Share Alike 2.0 Generic license.Creative Commons Wikimedia
Fig. 3 Rinoceronte lanoso (*Rhinoceros tichorinus*).
Copyright 2010 Huhu Uet, Gnu Free Documentation License, Creative Commons Attribution-Share Alike 3.0 Unported

Fig. 4

Fig. 5

Fig. 4 Foca comune del Polo Nord, simile alla foca monaca (*Monachus Monachus*) del Mediterraneo. Foche (*Phoca vitulina*) sulla costa di Fano. Danimarca.
Copyright 2005 Baldhur, Wikimedia Creative Commons Attribution-Share Alike 3.0 Unported
Fig. 5 Alce (*Alces machlis*) simile all'Alce del Quaternario (*Alces latifrons*). Museo di Storia Naturale "G. Doria" di Genova.

2

Tipologia delle sculture degli animali sacri

Nella scultura del Paleolitico le raffigurazioni di animali sono di cinque tipi:
1) Testa bifronte di uomo e animale
2) Un ibrido artistico di uomo e animale
3) Testa bifronte di due animali
4) Testa di animale senza collo
5) Testa di animale con corpo orizzontale senza arti o con arti parziali.

La testa bifronte non esiste nella realtà; è un'invenzione. Così pure l'ibrido artistico uomo-animale, il tipo che, per i periodi protostorici e storici, viene definito dagli archeologi "essere favoloso", "essere mostruoso", "demone", e via dicendo. Anche la testa di animale senza collo non c'è in natura, pertanto si può considerare un'invenzione simbolica. La raffigurazione di testa di animale con corpo senza arti o con arti parziali può originare dalla difficoltà di scolpire gli arti oppure dall'inutilità di farlo ai fini della funzione nel culto. Anche le veneri paleolitiche (donne nude) erano prive di piedi e spesso di mani e braccia. Inoltre nella scultura litica non troviamo rappresentate corna e zanne; anche le piccole sculture in avorio di mammut sono prive di zanne e di arti.
In questo libro la scultura paleolitica si riferisce a tutta l'Europa, ma non escluderei che nel Paleolitico in Egitto venissero prodotte sculture litiche che raffiguravano la sola testa del coccodrillo.
Nelle sculture delle varie civiltà protostoriche e storiche, in seguito all'invenzione di nuove tecniche di lavorazione

della scultura, con l'uso di nuovi strumenti e l'edificazione di templi, la testa di animale viene raffigurata con corpo, sia umano che di animale. Il corpo può avere testa umana o essere composto da parti diverse di animali, come si vede dagli esempi che seguono. La medesima tipologia, con forme diverse, è presente in varie civiltà antiche. Nella Civiltà egizia molte sono state le divinità con testa di animale e corpo umano, come Sobek (Fig.6), dio delle acque e delle piene del Nilo, con testa di coccodrillo. La civiltà degli Assiri (IX secolo a. C.) aveva tra le numerose divinità un tipo con corpo verticale umano e testa di animale fantastico (Fig.7). Proviene da Kalah (attuale Nimrud), una delle capitali dell'impero assiro. Presso gli Ittiti (II millennio a. C.), tra le tante divinità si trova una combinazione zoo-antropomorfa costituita da un leone con le ali e sul collo una testa umana (Fig.8). Proviene da Karkemish (tra Turchia e Siria attuali). Uomini e mammiferi alati sono presenti ancora oggi nell'arte religiosa.

Troviamo nella religione induista molti tipi di animali con corpo umano, tutti incarnazioni di Vishnu. Varaha è la terza incarnazione di Vishnu, ha testa di cinghiale e corpo umano, Nepal, XVI-XVII secolo d. C. (Fig.9). In India nella religione induista le vacche sono animali sacri e vagano liberamente per le strade anche nelle grandi città: nella foto (Fig.10), una vacca con vitellino si aggira indisturbata per le vie di una città indiana. Essendo sacra, inoltre, la sua carne non viene mangiata.

L'Agnello di Dio è presente nella liturgia della religione cristiana anche come raffigurazione scultorea e pittorica; è in uso nelle feste di Pasqua fare dolci simbolici di farina o pasta di mandorle a forma di agnello, destinati a uso alimentare, come pure cuocere agnelli arrosto con contorno di patate (Fig.11).

Fig. 6   Fig. 7   Fig. 8

Fig. 6 Dio egizio Sobek con testa di coccodrillo.
Copyright 2009 Hedwig Storch, Wikimedia Creative Commons Attribution-Share Alike 3.0 Unported
Fig. 7 Scultura in terracotta di piccole dimensioni. Arte assira. E' considerata un "demone". Raffigura un uomo con testa di animale, fantastico. Provenienza Kalakh (Nimmud). IX sec. a. C.
Fig. 8 Scultura (bassorilievo). Divinità ittita. Raffigura un ibrido fantastico di Uomo-Leone e Uccello. Provenienza Karkemish (odierna Turchia). II millennio a. C.

Fig. 9   Fig. 10   Fig. 11

Fig. 9 Dio Varaha con testa di cinghiale. Religione induista.
Fig. 10 Religione induista. Vacca sacra. India.
Copyright 2007 Paris 75000 Public Domain Wikimedia.
Fig. 11 Religione cristiana. Divinità: Agnello di Dio ("che toglie i peccati del mondo"). Questa piccola scultura è un dolce in pasta di mandorle, tipico della festa di Pasqua.

3

Mammut

Il mammut (*Elephas primigenius*) (Fig.12) era più piccolo dell'elefante antico, raggiungendo un'altezza di circa 3,50 m. Il cranio piuttosto aguzzo era inclinato all'indietro. Aveva orecchi meno grandi di quelli degli elefanti attuali (Fig.13). Le zanne erano enormi, fortemente ricurve e a spirale (v. Fig. 2); ogni paio pesava in media un centinaio di kg, ma ne sono state ritrovate alcune con uno sviluppo di 4 m, ognuna delle quali raggiunge il peso di 175 Kg.
Si tratta di una specie di mammut con diffusione euroasiatica ma, a mia conoscenza, nella protostoria non esistono nella scultura religiosa uomini con testa di mammut, anche perché il mammut si è estinto 5000 anni avanti la nostra era. Inoltre, era una specie che abitava zone con clima freddo, mentre le prime civiltà protostoriche sono sorte in zone con clima caldo.
In India, dove esistono ed esistevano gli elefanti, presso la religione induista il dio Ganesha (Fig.14) ha testa di elefante e corpo umano.
Non mi risulta che siano state rinvenute in India sculture del Paleolitico raffiguranti elefanti (a Sud) oppure mammut (a Nord), probabilmente perché non sono state cercate, ma potrebbero esserci, in quanto le industrie (insieme degli utensili litici) trovate in quelle zone sono antiche tanto quanto quelle europee e africane, anche se presentano piccole differenze.
La scultura della Fig.15 raffigura una testa di mammut con cranio aguzzo. A destra, nella parte terminale del muso, dove comincia la proboscide, vi è una lavorazione che evidenzia una proboscide piegata di lato. Nelle mie precedenti pubblicazioni l'avevo interpretata come una testa di elefante antico, anche perché la tecnica per scolpirla è acheuleana, fase culturale in cui l'elefante antico non si era ancora estinto. Alta 9 cm, è in selce. Appartiene all'Acheuleano.
La scultura della Fig.16, secondo l'interpretazione dei paletnologi della Repubblica Ceca, rappresenta un mammut

con testa e parte del corpo; le zanne non sono rappresentate. Lunga 12,8 cm, è scolpita in avorio di mammut. Appartiene al Paleolitico superiore (Gravettiano).

Nella Fig.17, come interpretata dai paletnologi russi, è raffigurato un mammut con testa e parte del corpo; non sono rappresentate le zanne e gli arti. È scolpita in avorio di mammut. Paleolitico superiore (Gravettiano).

La scultura della Fig. 18, secondo l'interpretazione dei paletnologi russi, rappresenta anch'essa un mammut; composta di testa e corpo, non ha zanne né arti. Lunga 2 cm, è scolpita in pietra. Paleolitico superiore (Gravettiano).

Una scultura (Fig.19) di piccole dimensioni è stata interpretata dai paletnologi francesi come un mammut. La mia interpretazione è diversa, in quanto mi sembra piuttosto un bisonte con testa e corpo massiccio. È scolpita su roccia silicea. È stata trovata fuori contesto stratigrafico. Viene considerata dai paletnologi francesi molto simile, nello stile, ai mammut di Kostenki, Avdejevo e Předmostí.

Fig. 12

Fig. 13

Fig. 14

Fig. 12 Mammut americano (Utah) simile al mammut europeo del Quaternario. (*Elephas primigenius*).Utah Museum of Natural History.
Copyright 2009 Scott Catron, Creative Commons Attribution-Share Alike 2.0 Generic license.
Fig. 13 Elefante attuale.
Fig. 14 Dio Ganesha con testa di elefante. Religione induista. Nepal XVII sec d. C.

Fig.15

Fig. 16

Fig. 15 Testa di mammut. Rodi Garganico (Foggia). Collezione P. Gaietto.
Fig. 16 Mammut. Předmostí, Moravia, Repubblica Ceca.

Fig. 17

Fig. 18

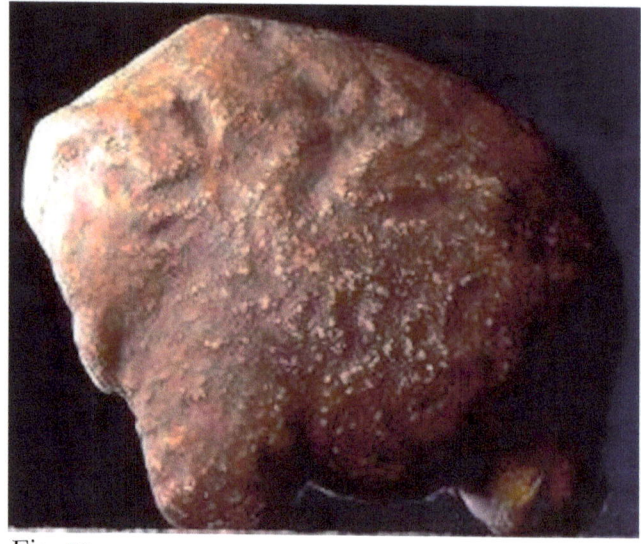
Fig. 19

Fig. 17 Mammut. Avdejevo. Repubblica di Carelia, Russia.
Fig. 18 Mammut. Kostenki. Russia (da A. N. Rogacev).
Fig. 19 Mammut, ma potrebbe essere un bisonte. Solutré, Francia (Museo Dipartimentale di Preistoria, Solutré).

4

Rinoceronte

Nel Quaternario ci sono state due specie di rinoceronti, oggi estinte: il Rinoceronte di Merck (*Rhinoceros Mercki*) coevo dell'*Elephas antiquus*, vissuto in Europa nei periodi caldi, e il Rinoceronte lanoso (*Rhinoceros tichorhinus*), comparso dopo e diffuso in Europa e in Asia (v. Fig.3).
Il rinoceronte lanoso aveva una lunghezza di m 3,50 e un'altezza al garrese di m 1,60; era provvisto di un grande corno, che poteva essere lungo anche 1 m. Il pelo era lungo almeno 6 cm, e ne spuntavano lunghi peli ispidi.

Attualmente i rinoceronti sono di varie specie, asiatiche (Fig.20) e africane.

In miei precedenti libri avevo considerato la scultura della Fig.21 come la rappresentazione di un animale umanizzato, cioè un ibrido artistico uomo-mammifero, e tale la considero tuttora, ma desiderando dare un nome all'animale, ritengo che potrebbe essere un ibrido uomo-rinoceronte.

Si tratta di una testa di uomo-rinoceronte con collo, e senza il corno, alta 14 cm. È stata trovata fuori contesto stratigrafico, ma per tipologia stilistica la considero acheuleana.

La scultura della Fig.22 è ritenuta dai paletnologi russi un rinoceronte. È in pietra e modellata con una sorta di levigatura. Lunghezza 2,8 cm. Paleolitico superiore (Gravettiano).

Nella Fig.23 vediamo una testa di rinoceronte modellata in argilla bruciata. È stato possibile raffigurare il corno dato il materiale e la tecnica di lavorazione usati. Lunghezza 4,2 cm. Paleolitico superiore (Gravettiano).

Notare la differenza stilistica tra questa scultura e la precedente (Fig.22), ambedue appartenenti allo stesso stadio culturale, detto Gravettiano.

Fig. 20

Fig. 21

Fig. 20 Rinoceronte nero (*Rhinoceros unicornis*). India. (Museo di Storia Naturale "G. Doria", Genova).
Fig. 21 Ibrido artistico uomo-rinoceronte. Varazze, Savona. Collezione P. Gaietto.

Fig. 22

Fig. 23

Fig. 22 Rinoceronte. Kostenki. Russia (da A. N. Rogacev).
Fig. 23 Testa di Rinoceronte. Dolní Věstonice. Repubblica Ceca.

5

Ippopotamo

Nell'ultimo interglaciale, con clima caldo, l'ippopotamo (Fig. 24) era diffuso in tutta Europa e in particolare in Italia. Il periodo culturale è il Paleolitico inferiore, e la cultura specifica è l'Acheuleano.
Le sculture paleolitiche che presento qui sono state trovate tutte in Italia e attribuite all'Acheuleano. Sono di quattro tipi: testa di ippopotamo e corpo umano, teste bifronti di due ippopotami, testa singola di ippopotamo e testa bifronte di uomo-ippopotamo.
Con l'ultima glaciazione, l'ippopotamo sparisce dall'Europa, ma continua ad essere diffuso in Africa, dove presso la Civiltà egizia diviene animale sacro. La dea Thueris era raffigurata in scultura dagli Egizi con testa di ippopotamo e corpo umano di donna incinta (Fig 25), pertanto era particolarmente venerata dalle gestanti. Vediamo un ibrido artistico con testa di ippopotamo e corpo verticale umano nella Fig 26. Altezza 6,5 cm. Selce.
La scultura della Fig.27 (Foto Silvano Maggi, 1961) è un menhir zoo-antropomorfo abbattuto che raffigura, come la precedente scultura, una testa di ippopotamo con corpo verticale umano. È lunga 3 m circa. Per fotografarla fu necessario fare un'impalcatura sugli alberi. Le chiazze chiare sulla scultura sono costituite da raggi del sole che filtravano attraverso le foglie degli alberi.
Nella Fig. 28 una scultura zoo-antropomorfa bifronte, lunga 9,16 cm. È composta da una testa di ibrido artistico uomo-ippopotamo (a sinistra) unita a una di ippopotamo. Acheuleano. La scultura della Fig.29, alquanto danneggiata da rotolamento alluvionale, raffigura due teste unite per la nuca, forse di ippopotami. Lunghezza 7 cm. Selce. Nella Fig.30, una testa di mammifero, probabilmente un ippopotamo. Lunghezza 7,16 cm. La scultura della Fig 31 è zoo-antropomorfa bifronte. Raffigura una testa umana (a sinistra) e forse una di ippopotamo (a destra). È in selce lavorata da ogni parte, lievemente fluitata. Lunghezza 10 cm. È bifronte la scultura della Fig. 32. Raffigura una testa di ippopotamo (a sinistra) unita a una testa umana. Lunghezza 10,5 cm. Selce, fluitata. Acheuleano. Nella Fig.33, una testa umana (a sinistra) unita a una di ippopotamo. È danneggiata da rotolamento alluvionale, ma riconoscibile. Lunghezza 12 cm. Acheuleano. La scultura della Fig.34 rappresenta una testa che pare di ippopotamo (a destra), unita a una che sembra umana, ma molto fluitata nei tratti del profilo del volto. L'ippopotamo ha un grande occhio (volutamente scolpito). Danneggiata da fluitazione. Lunghezza 8 cm.

Fig. 24

Fig. 25

Fig. 24 Testa di ippopotamo (disegno per fumetti).
Fig. 25 Divinità egizia. Dea Thueris con testa di ippopotamo e corpo di donna.

Fig. 26    Fig. 27

Fig. 26 Testa di ippopotamo con corpo verticale umano. Acheuleano. Rodi Garganico (Foggia). Collezione P. Gaietto.
Fig. 27 Menhir zoo-antropomorfo abbattuto. Testa di ippopotamo con corpo verticale umano. Urbe, Località Buschiazzi, Savona.

Fig. 28

Fig. 28 Scultura zoo-antropomorfa bifronte. Raffigura una testa di ibrido artistico uomo-ippopotamo (a sinistra) unita a una testa di ippopotamo. Acheuleano. Rodi Garganico (Foggia). Collezione P. Gaietto

Fig. 29

Fig. 29 Scultura lievemente danneggiata da rotolamento. Raffigura due teste di ippopotamo unite per la nuca. Acheuleano. Rodi Garganico (Foggia). Collezione P. Gaietto.

Fig. 30

Fig. 30 Scultura zoomorfa. Raffigura una testa di mammifero, forse ippopotamo. Selce. Rodi Garganico (Foggia). Collezione P. Gaietto.

Fig. 31

Fig. 31 Scultura zoo-antropomorfa bifronte. Raffigura una testa umana (a sinistra) unita a una testa di ippopotamo. Acheuleano. Rodi Garganico (Foggia). Collezione P. Gaietto.

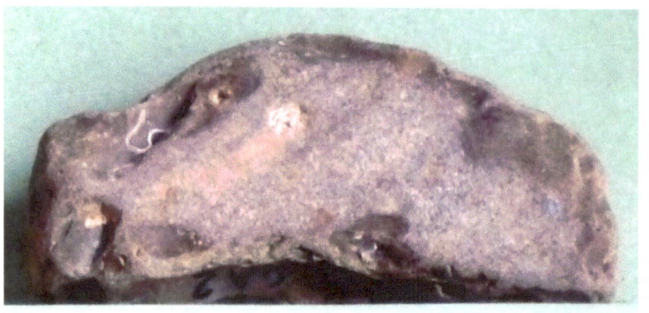
Fig. 32

Fig. 33

Fig. 32 Scultura zoo-antropomorfa bifronte. Raffigura una testa di ippopotamo (a sinistra) unita a una testa umana. La fluitazione non è deturpante. Rodi Garganico (Foggia). Collezione P. Gaietto.

Fig. 33 Scultura zoo-antropomorfa bifronte. Raffigura una testa umana (a sinistra) unita a una testa di ippopotamo. Acheuleano. Molto danneggiata da rotolamento. Torre in Pietra (Roma). Collezione P. Gaietto.

Fig. 34

Fig. 34 Scultura zoo-antropomorfa bifronte. Raffigura una testa di ippopotamo (a destra) unita a una testa umana danneggiata da rotolamento. Genova, Sestri Ponente, Monte Gazzo. Collezione P. Gaietto.

6

Leone

Il leone delle caverne (*Panthera Leo spelaea*), il più grande dei felini del Quaternario, è vissuto in tutta l'Europa meridionale e centrale fino al Maddaleniano. Il leone comune (*Panthera Leo*) era presente nelle religioni balcaniche fino all'inizio della nostra era. Il leone maschio (Fig. 35) ha la testa ricoperta da una criniera, che la leonessa (Fig.36) non ha.

Nella Repubblica Ceca sono state trovate tre sculture di leonessa del Paleolitico superiore (Gravettiano), con tecnica di lavorazione di nuovo tipo (argilla modellata e bruciata; intaglio piatto in avorio) (Figure 46, 47, 48).

In ogni altra scultura paleolitica in selce o in altri tipi di pietra e con tecniche di lavorazione più antiche del

Paleolitico inferiore e medio non è possibile distinguere il sesso del leone, in quanto la criniera non veniva raffigurata, come nei mammut non si raffiguravano le zanne. Non è da escludere comunque che nel Paleolitico il Leone sacro fosse una femmina. Così, nella Civiltà egizia, una delle più antiche civiltà storiche, la dea Sekhmet, divinità solare, aveva testa di leone (o leonessa) e corpo umano femminile (Fig.37): infatti è nuda, con un corpo giovanile e due bei seni.

Dal Gravettiano, una delle ultime fasi culturali del Paleolitico superiore, si può ipotizzare una linea evolutiva con la religione egizia, in quanto le due civiltà sono separate da pochi millenni e, come noto, la cultura spirituale dura più a lungo di quella materiale. Tuttavia è necessario considerare che ogni religione assegna al leone un nome di divinità diverso e poteri differenti, così come accade anche per le divinità antropomorfe.

Nella religione induista invece il dio Narasinja, IV incarnazione di Vishnu, ha testa di leone e corpo umano maschile (Fig.38), quindi è dotato di poteri diversi da quelli della dea egizia Sekhmet.

Le sculture paleolitiche bifronti, cioè due teste unite per la nuca, hanno tutte funzione religiosa ma ipotizzo che anche le teste singole di leone avessero lo stesso scopo, in quanto, a mio parere, è da escludere la funzione decorativa, cioè l'arte per l'arte.

La scultura della Fig.39 è zoo-antropomorfa bifronte. Raffigura una testa di leone (a sinistra) unita a una umana. Lunghezza 13 cm. Acheuleano finale o Musteriano di tradizione acheuleana. Un'altra scultura zoo-antropomorfa bifronte nella Fig.40. La forma è chiara, ma la lavorazione non si vede, sia per il tipo di pietra usata che per la fluitazione. Raffigura una testa umana (a sinistra) unita a una che sembra di leone. Lunghezza 12 cm.

Una testa di leone (lato sinistro) nella Fig.41. Il muso occupa due terzi della testa. È molto fluitata, con tracce di lavorazione parzialmente cancellate, ma è evidente la forma. Selce. Acheuleano.

Raffigura una testa di leone la scultura della Fig.42. E' stata trovata in una grande caverna. Il felino ha un'espressione ruggente con le fauci spalancate, il che conferisce anche drammaticità allo stile dell'opera. È una scultura pensile, infatti ha quattro fori che permettevano il passaggio di corde per appenderla. Sono stati trovati altri tipi simili, attribuiti all'Aurignaziano, ora esposti nel Museo di Preistoria di Fort Trogloditique des Anglais, presso Sergeac, Dordogna (Francia). Sono due sculture vagamente geometriche e zoomorfe considerate pensili da paletnologi francesi. La testa di leone (Fig.42) è alta 31 cm; i quattro disegni la mostrano appesa e con vista da ogni lato. Ritengo sia musteriana, dato che il sito ha reso industrie musteriane. Nella foto (Fig.43), Licia Filingeri trattiene la scultura per metterne in evidenza la forma posteriore e l'eleganza dello stile.

La scultura della Fig.44 raffigura una testa di leone senza collo. È in vista semifrontale e laterale. Ritengo che questo tipo zoomorfo, come le sculture antropomorfe, appartenga al Musteriano di tradizione acheuleana. È lunga 7 cm ed è lievemente fluitata.

Il Paleolitico superiore è l'ultima fase culturale del Paleolitico e, se rapportato al Paleolitico inferiore e medio che ha una durata di circa due milioni di anni, è relativamente breve, avendo una durata di soli 25.000 anni (da 35.000 a 10.000 anni a. C.).

Nel Paleolitico superiore l'uomo inizia ad usare nuovi materiali per scolpire, inventa altre tecniche di lavorazione (con evoluzione delle vecchie) e inizia a produrre scultura con un nuovo tipo di composizione, che preannuncia l'arte dei periodi storici.

La scultura della Fig.45 è un esempio dei progressi avvenuti nel Paleolitico superiore, circa 32.000 anni fa, con l'Aurignaziano. Raffigura un uomo con testa di leone, secondo alcune interpretazioni; secondo altre, si tratterebbe di una leonessa con corpo umano. La mia interpretazione è quella di un corpo femminile, per la forma delle gambe. Questa scultura aveva una funzione nella religione, come le altre delle epoche storiche (Figure 37, 38 ecc.). Vi si ravvisa anche la bellezza naturale unitamente a quella artistica, in quanto le belle gambe sono sempre state fonte di attrazione e messe in evidenza come bellezza naturale. Questa scultura è in avorio di mammut. E' l'unica scultura paleolitica con i piedi.

La scultura Fig.46 rappresenta una leonessa su avorio piatto. Notevole il movimento del corpo. Ultima fase del Paleolitico superiore (Gravettiano).

Qui una testa di leonessa (Fig.47) modellata in argilla bruciata. Lunghezza 4 cm. Gravettiano.

La scultura della Fig.48 raffigura, come la precedente, una testa di leonessa. ha un accenno di collo. È modellata in argilla bruciata. Lunghezza 6 cm. Gravettiano.

Fig. 35

Fig. 36

Fig. 35 Leone asiatico (*Panthera Leo Persica*). Maschio.
Copyright 2011 Mousse, Gnu Free Documentation License, Creative Commons Attribution-Share Alike 3.0 Unported
Fig. 36 Leone (*Panthera Leo*). Femmina.

Fig. 37

Fig. 38

Fig. 37 Dea egizia Sakhmet con testa leonina. Circa 1370 a. C. Altes Museum, Berlino.
CC BY-SA 3.0 © 2006 Captmondo
Fig. 38 Dio Narasinja con testa leonina. Religione induista. Nepal. XII-XIII sec. d. C.

Fig. 39

Fig. 39 Scultura zoo-antropomorfa bifronte. Raffigura una testa di leone (a sinistra) unita a una testa umana. Périgueux (Francia). Collezione P. Gaietto.

Fig. 40

Fig. 40 Scultura zoo-antropomorfa bifronte. Raffigura una testa di leone (a sinistra) unita a una testa che sembra di leone. Capo Rossello, presso Realmonte (Agrigento). Collezione P. Gaietto.

Fig. 41

Fig. 41 Scultura zoomorfa. Raffigura una testa di leone (con muso a sinistra). Molto fluitata. Fiume Alento (Chieti). A destra, disegno frontale della Fig. 41. Collezione P. Gaietto.

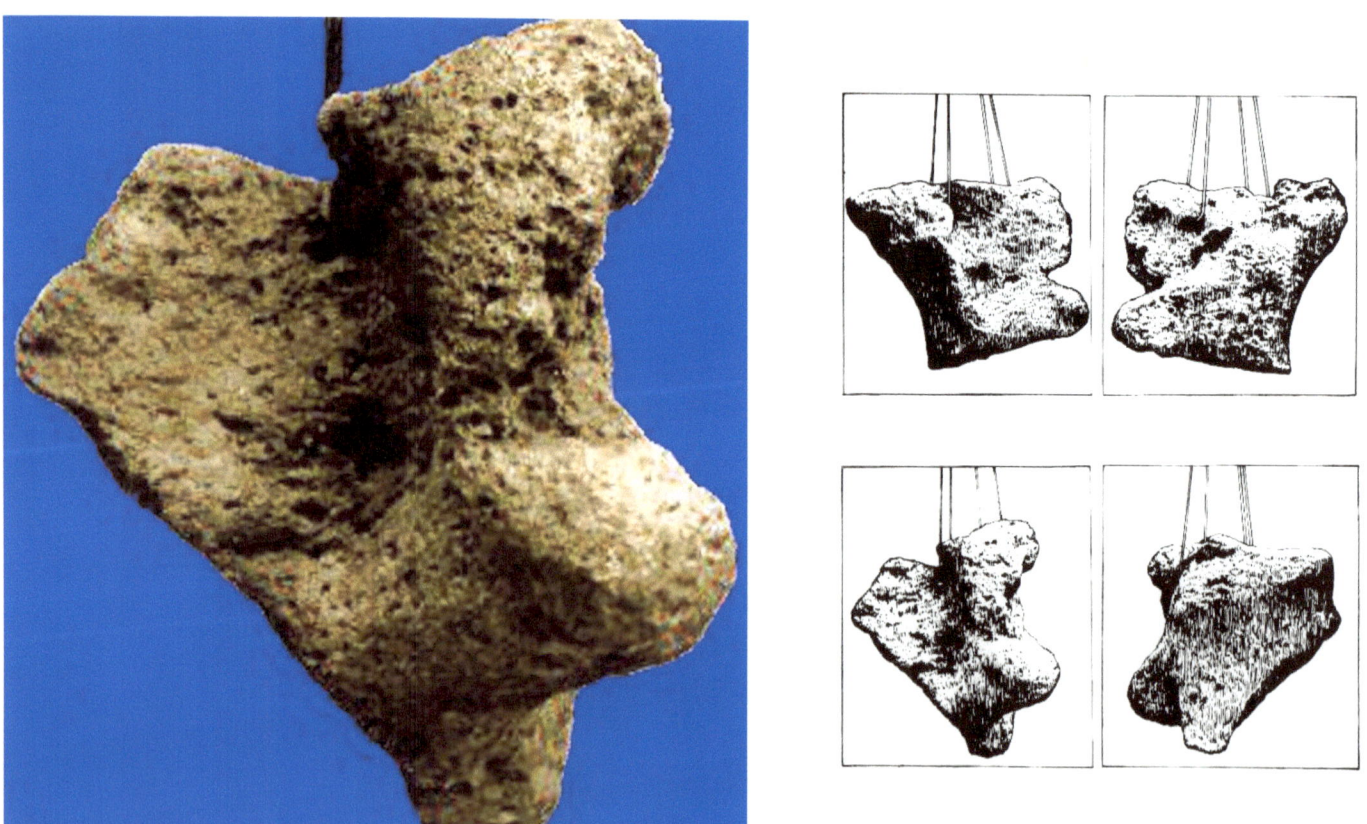

Fig. 42

Fig. 42 Scultura zoomorfa. Raffigura una testa molto espressiva, interpretata come leone ruggente. E' pensile. Musteriano. Grotta delle Manie, Varigotti (Savona). Collezione P. Gaietto.

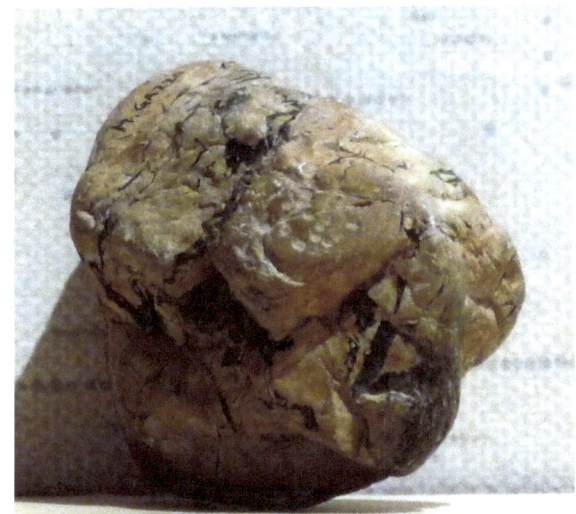

Fig. 43   Fig. 44

Fig.43 Licia Filingeri con testa del leone delle Manie, appesa e vista dal retro.
Fig. 44 Scultura zoomorfa. Testa di leone. Genova, Sestri Ponente, pendici Monte Gazzo. Collezione P. Gaietto.

Fig. 45   Fig. 46

Fig. 45 Leonessa con corpo umano. Avorio. Aurignaziano, 32.000 anni. Grotta Hohlenstein, Stadel, Germania. Museo di Ulm.
Copyright 2008, Gaura, Wikimedia, public domain, copyright expired.
Fig. 46 Leonessa (intaglio piatto d'avorio). Pavlov. Moravia, Repubblica Ceca.

Fig. 47

Fig. 48

Fig. 47 Testa di leonessa. Dolní Věstonice. Moravia. Brno Museum. Repubblica Ceca.
Fig. 48 Testa di leonessa. Dolní Věstonice. Moravia. Repubblica Ceca.

7

Leopardo o pantera

Il leopardo o pantera (*Panthera pardus*) (Fig.49) è animale di clima caldo. Nel Paleolitico era diffuso in centro e sud Europa, nel Neolitico abitava ancora la Turchia.
In certe zone i reperti fossili potevano essere del leopardo delle nevi, ma sono stati male interpretati. Il Leopardo delle nevi (*Panthera Uncia*) vive ancora oggi; dall'Himalaya e dall'Asia centrale, si spinge fino in Manciuria; ha una corporatura maggiore del leopardo.
Nell'attribuzione delle sculture paleolitiche adotto un generico "pantera", anche per distinguerlo dal leone. Oggi il leopardo o pantera vive in Africa e Asia meridionale.
In Turchia, nella città di Çatalhöyük (52 km da Konya), fiorente tra il 7400 e il 5700 a. C., tra immagini di tipo religioso sono stati trovati dipinti di due leopardi uno di fronte all'altro (Fig.50) e, secondo un tema frequente in religioni successive dell'Asia meridionale, con due leoni, anche in piccole sculture ai lati di una dea madre seduta sul trono, e in alcuni dipinti murali del grande Toro, come divinità parallela.
Çatalhöyük è fra le città più antiche che si conoscano, con una popolazione stimata di 5 mila abitanti, mentre il tempio più antico con altare per i sacrifici e con una scultura di pantera è stato trovato nel nord della Spagna a El Juyo nella provincia di Santander.
Il tempio di El Juyo è costituito da una caverna al cui interno era stato portato un altare costituito da un monolite rettangolare di quasi mille chili, sul quale erano poste offerte vegetali. Di fronte all'altare vi era la scultura zoo-antropomorfa bifronte della Fig. 51. I paletnologi americani e spagnoli, che l'hanno scoperta e studiata, l'hanno interpretata come una raffigurazione con mezza faccia umana e mezza di pantera. È alta 30 cm.
Questa scultura ha 14.000 anni (Paleolitico superiore) ed è stata attribuita al Maddaleniano. La mia attribuzione per quanto riguarda la cultura spirituale è il Post-Aurignaziano, giacché i Maddaleniani non avevano divinità bifronti, non producevano monoliti e non scolpivano la pietra.
Nella vicina grotta di Altamira si trova dipinta una giraffa, animale di clima caldo, che appartiene alla cultura artistica maddaleniana. Ne consegue che la Panthera di El Juyo, anche se post-aurignaziana, potrebbe essere un leopardo e non un leopardo delle nevi, comunque ai fini della raffigurazione è sempre una pantera.
La scultura della Fig.52 appartiene al Paleolitico superiore, è lunga 6,9 cm ed è in avorio di mammut. È probabile che sia una pantera di clima freddo, cioè un leopardo delle nevi (*Panthera Uncia*). Lo si deduce dal volume del corpo che è maggiore di quello del leopardo.
Nella Fig. 53 una scultura lunga 9 cm, precisamente della stessa grotta di Vogelherd in cui si è ritrovata una precedente scultura, ma il corpo è più massiccio. Forse è un leopardo delle nevi (*Panthera Uncia*). Ha il corpo decorato con incisioni di puntini e linee che, incrociate, formano dei rombi. Avorio di mammut. I paletnologi tedeschi che hanno scoperto e studiato queste due sculture d'avorio le hanno definite genericamente "felini".

Fig. 49

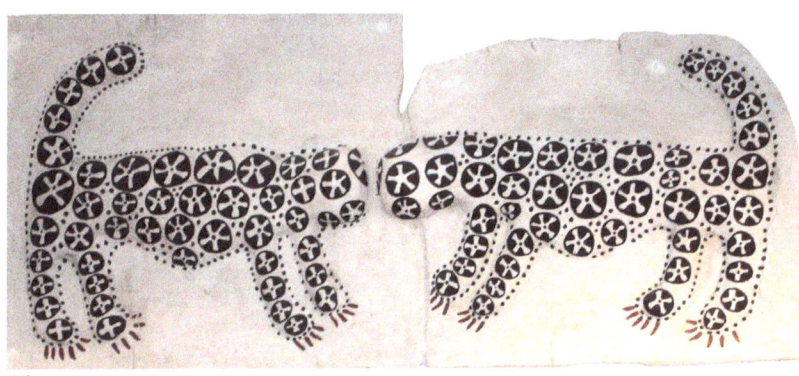
Fig. 50

Fig. 49 Leopardo o pantera (*Panthera pardus*). Vive in Africa e in Asia meridionale. Museo di Storia Naturale "G.Doria", Genova.

Fig. 50 Due leopardi che si affrontano. Dipinto su intonaco murale. Religione estinta della Civiltà pre-neolitica di Çatalhöyük (odierna Turchia).

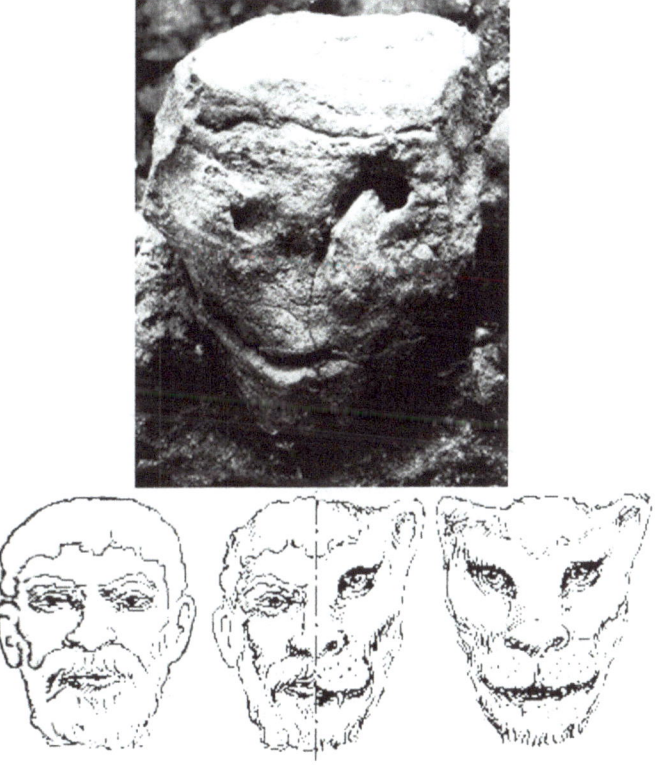
Fig. 51

Fig. 51 Scultura zoo-antropomorfa bifronte del Paleolitico. El Juyo, Santander, Spagna (Museo di Altamira, Santander).

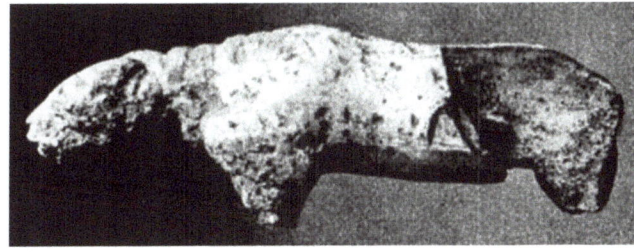
Fig. 52

Fig. 53

Fig. 52   Pantera o leopardo delle nevi (*Panthera Uncia*) (Irbis). Interpretazioni recenti considerano questa sculturina un leone. Caverna Vogelherd, Germania.

Fig. 53   Pantera o leopardo delle nevi (*Panthera Uncia*) (Irbis). Secondo recenti interpretazioni, si tratterebbe di un leone. Caverna Vogelherd, Germania.

8

Cavallo

Il cavallo (*Equus caballus*) (Fig.54) è stato addomesticato tra 5000 e 10.000 anni a. C. circa.
Nell'evoluzione degli Equidi, l'*Equus stenonis* del Pleistocene antico si ricollega alle zebre per il tipo di dentatura. L'*Equus hydruntinus*, sopravvissuto fino al Musteriano, presenta notevoli affinità con l'*Equus stenonis*, ma possiede anche caratteri sintetici, che si ritrovano distribuiti attualmente tra altri Equidi: l'asino, il cavallo e l'emione (*Equus hemionus*), l'asino selvatico asiatico.
Nel Paleolitico, gli Equidi venivano cacciati dall'uomo per essere mangiati. In alcune grotte di Francia sono presenti molti dipinti di Equidi del Paleolitico superiore (Maddaleniano) databili tra 18.000 e 11.000 anni fa. Non è stata chiarita la ragione per cui sono stati fatti, anche perché le interpretazioni dei paletnologi sono diverse. Non erano divinità. Forse servivano per propiziare la caccia, oppure per festeggiare l'uccisione dei cavalli, per riti di iniziazione.
Questi dipinti in grotta hanno permesso una suddivisione dei tipi. Il più frequente è il cavallo di Przewalskii (*Equus caballus przewalskii*) tuttora vivente nella Mongolia occidentale. Meno frequente il cavallo celtico (bretone o poney delle isole Shetland) e più rari il cavallo nordico e un incerto asino-emione.
Nei periodi storici non mi risulta che il cavallo fosse tra le divinità, anche se era considerato animale sacro e molti nomi di divinità erano preceduti dal prefisso ippo-. Era inoltre presente in alcune civiltà nella cultura spirituale come nella civiltà greca sotto forma di centauro (Fig.55), mezzo uomo e mezzo cavallo. Una testa che sembra di cavallo, senza collo e con criniera (Fig.56). Muso a destra. È lunga 26 cm. La attribuisco al Musteriano, ma potrebbe essere aurignaziana. La scultura della Fig.57 è la decorazione di un propulsore del Maddaleniano fatto di corno di cervo. Il tema realizzato, inteso come ciclo della vita, anche umana, rientra profondamente nella cultura spirituale. Raffigura in basso la testa di un giovanissimo cavallo, a destra quella di un esemplare adulto e, rivolto verso l'alto, un cranio di cavallo. Il soggetto di quest'opera può essere interpretato come nascita, vita e morte, un tema filosofico che secondo la mia opinione supera il concetto di decorazione. È l'unico di questo tipo che io conosca, per quanto riguarda il Paleolitico, ma in tutte le civiltà protostoriche, primitive e storiche di tutto il mondo, si trovano raffigurazioni di crani umani e di animali, anche se non molto frequenti, che simboleggiano la morte. La scultura della Fig.58 è in avorio di mammut; è lunga 5 cm, e datata 32.000 anni; è stata trovata in Germania nella stessa caverna dove sono state rinvenute le due sculture di pantera (Figure 52 e 53). Civiltà aurignaziana. Osservare la somiglianza di forma della testa di questo cavallo con la testa di cavallo della Fig.56. Questa, in avorio, ha particolari del muso che l'altra non ha, in quanto precedentemente non venivano raffigurati

Fig. 54

Fig. 55

Fig. 54 Testa di Cavallo (*Equus caballus*).
Fig. 55 Centauro (Musei vaticani).
Copyright 2009 Wknight94, Gnu Free Documentation License, Creative Commons Attribution-Share Alike 3.0 Unported

Fig. 56

Fig. 56 Testa di cavallo con criniera (muso a destra). Urbe, località Vara (Savona).Collezione P. Gaietto.

Fig. 57   Fig. 58

Fig. 57 Resti di un propulsore del Maddaleniano. Testa di cavallo, di puledro e cranio di cavallo. Grotta di Mas d'Azil, Ariège, Francia. (Musée d'Archéologie nationale, Saint-Germain-en-Laye).
Fig. 58 Cavallo (avorio di mammut). Caverna di Vogelherd, Germania.

9

Alce

L'alce attuale (*Alces Alces*) è un mammifero artiodattilo ruminante dei cervidi (Fig.59). Le alci sono più grandi dei cervi: misurano fino a 3 m di lunghezza e 2 di altezza al garrese. I palchi sono presenti solo nel maschio. Abitano la zona circumpolare (a Nord dell'Eurasia e dell'America settentrionale). L'alce americano (*Alces americanus*) vive nell'America settentrionale.

L'alce del Quaternario (*Alces latifrons*) aveva una struttura più poderosa dell'attuale. Oggi è estinto. E' vissuto in tutta Europa e nei periodi caldi del Quaternario si è ritirato verso Nord, in quelli freddi si è spinto a Sud, come l'alce reale (*Alca impennis* o *Pinguinus impennis*, L.), giungendo sulle coste del Mediterraneo di Spagna e Italia meridionale (Fig.1). Nel Paleolitico è sempre stato cacciato dall'uomo per essere mangiato.

Presso le prime civiltà storiche, a mia conoscenza, non è tra gli animali sacri, in quanto queste civiltà sono sorte tutte in zone con clima caldo, ma non escluderei che a Nord dell'Eurasia, presso popolazioni poco note, l'alce fosse animale sacro, sia che fosse o non fosse raffigurato in scultura, in quanto la gamma degli animali sacri è molto varia e numerosa (è animale sacro per i Nativi americani ed è anche una costellazione formata da varie stelle nella carta celeste dei Lapponi, incisa su pietra 4000 anni fa).

Le sette sculture che presento, come raffigurazioni di teste di alce, si basano sull'interpretazione della forma del muso, per il profilo superiore e inferiore del muso che è piegato verso il basso. È necessario tenere in conto una deformazione stilistica, che può essere più o meno accentuata in lunghezza. I palchi di questi animali non venivano raffigurati, come le zanne dei mammut. Queste sette sculture hanno una datazione approssimativa tra 300.000 e 80.000 anni, infatti la tecnica di lavorazione usata per alcune è di tipo acheuleano, per altre clactoniano, e mi riferisco a quelle in selce. Invece per le sculture di altri tipi di roccia, un po' danneggiate da rotolamento, si analizzano la forma e lo stile, dato che le tracce di lavorazione residue sono scarse. Anche lo stile, quindi, permette un'attribuzione culturale: infatti il tipo di stile "allungato" in queste sculture, ad esempio, non si ripete nel Musteriano.

Nella Fig. 60 vediamo una testa di alce del tipo privo di collo. E' una tipologia presente anche nelle sculture raffiguranti teste umane. La scultura è in selce ed è lunga 17 cm. La foto in vista di sotto mostra lo scavo per mettere in evidenza la mandibola. Anche la testa di mammut senza collo (Fig.15) è stata incavata nella parte sottostante allo stesso scopo. Nella Fig.61, una testa di alce con corpo senza arti. È in selce, lunga 6,5 cm. Osservare nei disegni la sezione della testa e quella del corpo. Nella Fig.62 la scultura è bifronte, e unisce una testa umana (a sinistra) con una con tratti misti (invenzione artistica) di uomo e animale, che potrebbe essere un alce, ma si tratta di un'interpretazione ipotetica. È in selce, lunga 10 cm. La scultura della Fig.63 è di dimensioni notevoli, infatti misura 48 cm di lunghezza. È bifronte. A sinistra una testa di alce in stile allungato che ha mantenuto bene la forma. È un po' danneggiata da rotolamento. Le tracce di lavorazione rimaste sono quelle per evidenziare la mandibola. La testa a destra è umana e risultano cancellati solo alcuni tratti del volto, rimangono l'assenza di fronte e di mento, tipica di *Homo erectus*. Una testa di alce (Fig.64) (a sinistra, come la precedente) è unita a un'altra che potrebbe essere di bisonte, ma non è possibile interpretare ulteriormente, a causa del danneggiamento per rotolamento alluvionale. È lunga 9 cm ed è stata reperita nelle antiche alluvioni del Torrente Scrivia, nei pressi di Tortona, nel lato Nord dell'Appennino ligure sul versante della Pianura padana. Nella Fig.65 una scultura proviniente da Aarhus in Danimarca, in selce, lunga 10 cm, per forma e stile dello stesso tipo della scultura della Fig.64. La testa di alce è a sinistra, unita a una che sembra di bisonte. Nella scultura della Fig.66 una testa di alce unita a una umana, ben visibile nel lato opposto. Lo stile è di tipo allungato. È in selce ed è lunga 18 cm. Notare che nelle sculture bifronti dell'Acheuleano sono frequenti teste di cui una è più curata nell'esecuzione dell'altra.

Fig. 59 Alce (fumetto per bambini). Osservare la deformazione del muso, utile per interpretare le sculture.

Fig. 59

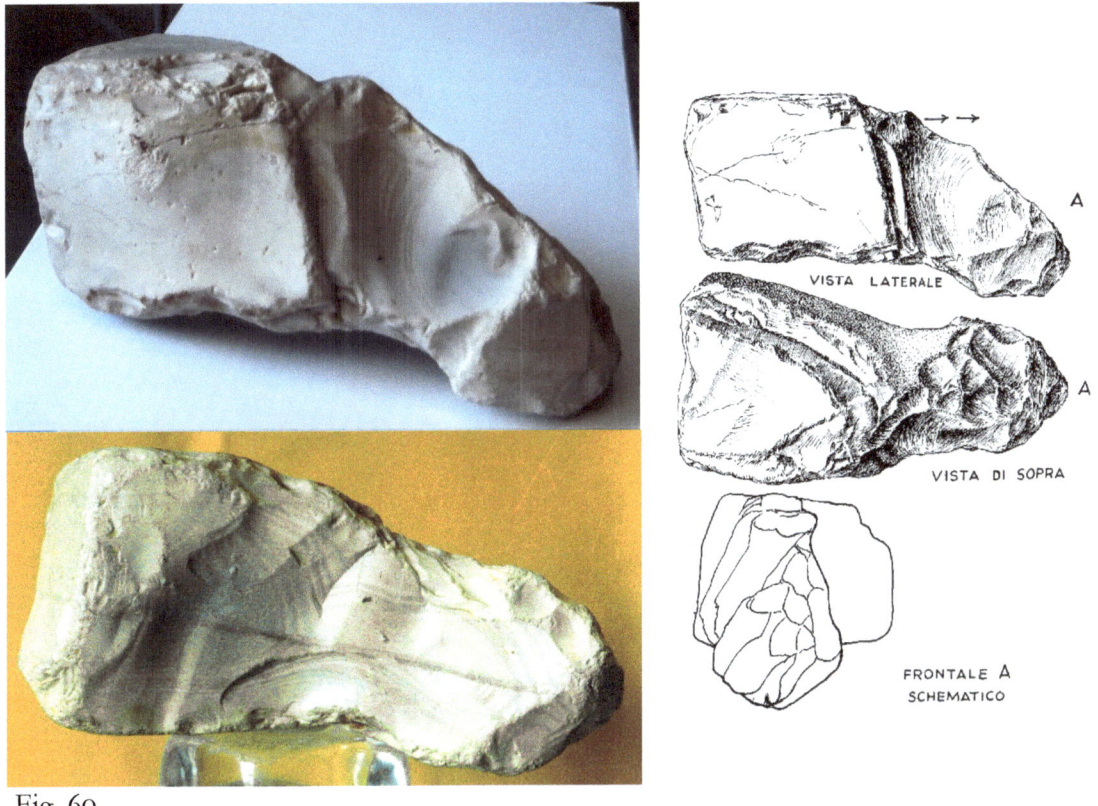

Fig. 60

Fig. 60 Testa di alce senza collo. Selce (prima foto, in alto a sinistra, vista laterale. Disegno laterale, sopra, fronte. Seconda foto, in basso, vista di sotto). Rodi Garganico (Foggia). Collezione P. Gaietto.

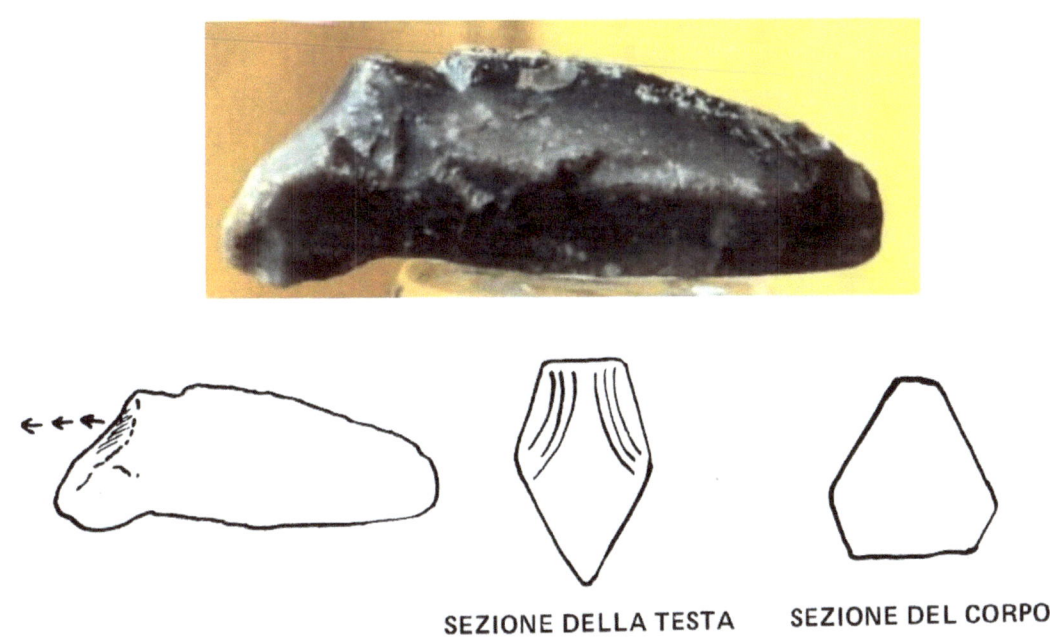

Fig. 61

Fig. 61 Testa di alce con corpo e senza arti. Rodi Garganico (Foggia). Collezione P. Gaietto.

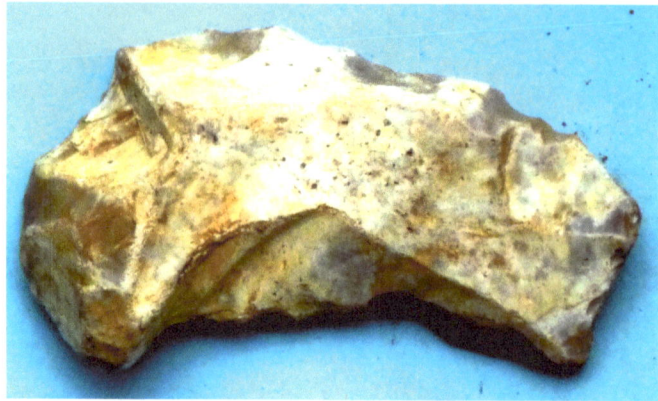

Fig. 62

Fig. 62 Testa umana (a sinistra) unita a una testa di ibrido artistico uomo-animale, che potrebbe essere un alce. Rodi Garganico (Foggia). Collezione P. Gaietto.

Fig. 63

Fig. 63 Testa di alce (a sinistra) unita per la nuca a testa umana. La testa dell'alce è in stile allungato orizzontale. Masone (Genova). Collezione P. Gaietto.

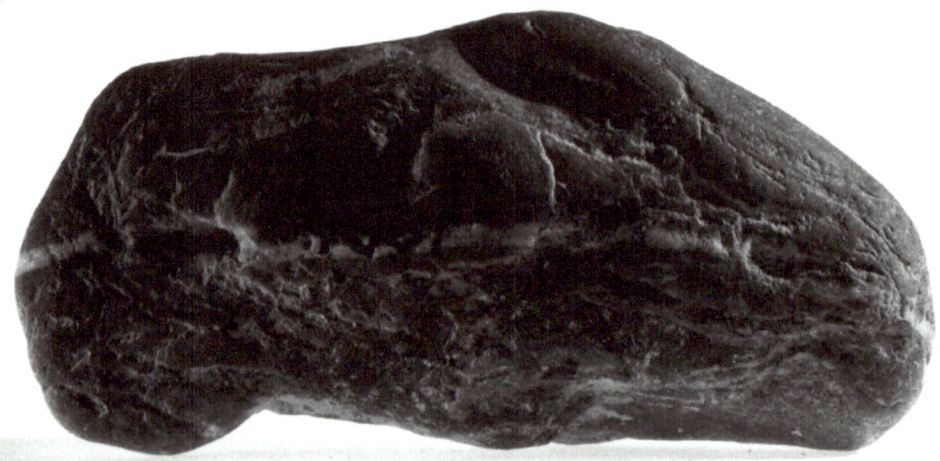

Fig. 64

Fig. 64 Testa di alce (a sinistra) unita a una testa (forse) di bisonte. Tortona (Alessandria). Collezione P. Gaietto.

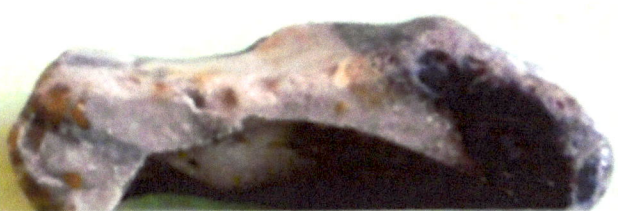

Fig. 65

Fig. 65 Testa di alce (a sinistra) unita per la nuca a una testa (forse) di bisonte. Aarhus (Danimarca). Collezione P.Gaietto.

Fig. 66

Fig. 66 Testa di alce (a sinistra) unita a una testa umana senza fronte con mandibola prominente. Selce. Rodi Garganico (Foggia). Collezione P. Gaietto.

10

Capra

Alcuni tipi di capra e di montoni vissero in Eurasia fin dal Pliocene, 2 milioni di anni fa, prima della comparsa dell'uomo, costruttore di manufatti.

Lo stambecco (*Capra ibex*), oggi divenuto raro, si è rifugiato sulle montagne. Nei periodi freddi del Paleolitico medio e del Paleolitico superiore, fino al Maddaleniano, era assai diffuso. Tra i caprovini, il muflone europeo (*Ovis musimon*) si trova ormai solo in Sardegna e in Corsica. La famiglia delle antilopi, che conta molte specie viventi sia in Africa che in Asia, nel Paleolitico era presente con il camoscio e la saiga. Il camoscio (*Rupicapra europaea*) è sopravvissuto rifugiandosi sulle Alpi, sugli Appennini e sulle cime dei monti nei Pirenei. La saiga (*Saiga tatarica*) si propagò da est a ovest, cioè dalla Cina alla Francia, e raggiunse l'Inghilterra. Attualmente vive nelle steppe dell'Asia centrale. La capra domestica (*Capra hircus*), post-paleolitica, si trova in tutto il mondo.

Le rappresentazioni paleolitiche in scultura che ho definite col termine "capra" sono tutte senza corna e sono di diversi tipi e stili artistici, per cui non mi è possibile l'interpretazione come muflone, stambecco, camoscio o saiga; potrebbe anche trattarsi di altri animali.

L'ariete è il maschio della capra (Fig.66). Nella religione estinta dell'antico Egitto il dio Khnum aveva corpo umano e testa di ariete (Fig.68). Il demone Nagamesha nel II secolo d. C. era rappresentato con corpo umano e testa di ariete ed apparteneva alle religioni Induismo e Giainismo.

Testa di capra nella scultura acheuleana bifronte (Fig.70) in stile artistico allungato con unita per la nuca una testa (forse) di bisonte. Ambo gli animali sono rappresentati senza corna. La scultura è in selce e lunga 18 cm.

La scultura bifronte della Fig.71 raffigura una testa umana (a sinistra) unita a una di capra. È lunga 23 cm. Il tipo di roccia è leggermente danneggiato dall'erosione, ma la forma scolpita non è stata alterata. Acheuleano.

Nella scultura bifronte della Fig.72 vediamo raffigurate due teste di capra unite per la nuca, in stile artistico di tipo allungato. La scultura è lunga 25 cm. Il tipo di roccia è leggermente danneggiato dall'erosione, ma la forma scolpita non è stata alterata. Acheuleano.

La scultura bifronte musteriana della Fig.73 rappresenta una testa umana (a sinistra) unita a una di capra. È alta 7 cm.

Fig. 67   Fig. 68   Fig. 69

Fig. 67 Ariete, maschio della capra. Museo di Storia Naturale "G. Doria", Genova.
Fig. 68 Dio egizio Khnum con testa di ariete. Parete esterna del Tempio di Latopolis Magna (odierna Esna), Egitto.
Copyright 2007 Merlin-UK, Gnu Free Documentation License, Creative Commons Attribution-Share Alike 3.0 Unported
Fig. 69 Divinità Naigamesha, uomo con testa di ariete. Religioni Induismo e Giainismo. Uttar Pradesh, India, II sec. d. C.

Fig. 70

Fig. 70 Testa di capra (a sinistra) con unita per la nuca una testa di bisonte. Madrid. Spagna. Collezione P. Gaietto.

Fig. 71

Fig. 71 Testa umana (a sinistra) con unita per la nuca una testa di capra. Genova, Località Vesima. Collezione P. Gaietto.

Fig. 72

Fig. 72 Due teste di capra unite per la nuca. Stile artistico di tipo allungato. Tiglieto (Genova). Collezione P. Gaietto.

Fig. 73

Fig. 73 Testa umana (a sinistra) unita a una testa di capra. Vado Ligure (Savona). Collezione P. Gaietto.

II

Bisonte

I bisonti appartengono alla famiglia dei Bovidi; li troviamo in Eurasia a partire dal Pliocene.

Il bisonte quaternario più importante è l'uro (*Bison priscus*), che si diffuse dall'Eurasia fino all'America settentrionale. I suoi resti abbondano in tutta la Francia e sue raffigurazioni sono frequenti anche nei dipinti in grotta dei Maddaleniani.

Dalla fine del Paleolitico, circa 11.000 anni fa, la specie bisonte europeo (*Bison bonasus*), specie euroasiatica del bisonte (Fig.74), è vissuta a lungo. Nel Medioevo, il bisonte europeo era largamente diffuso nelle foreste di tutta Europa, ma nel 1880 non ne restavano che 600 esemplari. Oggi sopravvive in cattività e in modesto numero: sembra che la causa sia l'indebolimento delle qualità riproduttrici delle femmine.

I dipinti di bisonti in grotta nel Maddaleniano non sono da considerarsi divinità, ma di certo avevano una funzione religiosa in riti di culto collegati alla propiziazione della caccia. Questa è una delle ipotesi più condivise.

Questo animale non è presente in scultura come divinità con corpo umano nelle prime civiltà urbane storiche della Valle del Nilo, dell'Eufrate e dell'Indo.

Le tre sculture di bisonte che presento qui provengono da tre differenti regioni (Danimarca, Francia, Italia) distanti nello spazio e anche nel tempo (Paleolitico inferiore, medio e superiore).

Nella Fig. 75, una scultura di bisonte con testa (a destra) e corpo senza arti. È in selce ed è lunga 7,5 cm. Acheuleano.

La scultura della Fig.76 è bifronte. Rappresenta una testa di bisonte (a sinistra) unita per la nuca a una umana. È in selce. Lunghezza 11 cm. Musteriano.

È bifronte pure la scultura della Fig.77. Raffigura una testa di bisonte (a destra) unita a una umana. È alta 38 cm. Aurignaziano.

Fig. 74

Fig. 75

Fig. 74 Bisonte (*Bison Bison*) specie americana simile al bisonte europeo (*Bison bonasus*). Yellowstone, National Park (U.S.).
Copyright 2006 JoelMcLendon, Creative Commons Attribution-Share Alike 2.5 Generic license.

Fig. 75 Bisonte con testa (a destra) e corpo senza arti. Fiordo Roskilde (Danimarca). Collezione P. Gaietto.

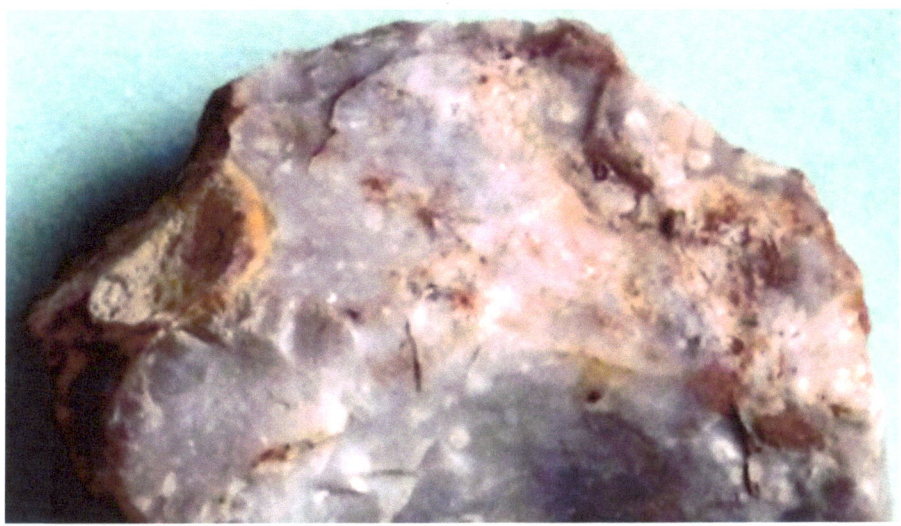

Fig. 76

Fig. 76 Testa di bisonte (a sinistra) unita per la nuca a testa umana. Bonny-sur- Loire (Orléans, Loiret). (Francia). Collezione P. Gaietto.

Fig. 77

Fig. 77 Testa umana (a sinistra) unita a testa di bisonte. Masone (Genova). Collezione P. Gaietto.

Toro

Il toro domestico (*Bos taurus*) si trova in tutto il mondo. Il maschio è definito toro; la femmina, vacca. Il suo antenato è l'uro (*Bos primigenius taurus*), sia afro-asiatico che europeo, che troviamo a partire dal Pleistocene, a sua volta discendente dal *Bos planifrons*, diffuso sia in Asia che in Europa. Il *Bos primigenius taurus* era presente in tutta Europa e nell'Africa settentrionale; più grande del bue, visse per tutto il Quaternario, scomparendo nel Medioevo. L'ultimo esemplare è stato abbattuto in Polonia nel 1627.

Sia come toro che come vacca (priva di corna), è frequente tra gli animali dipinti in grotta dai Maddaleniani, spesso rappresentato in corsa, anche in posizione di salto. Tale comportamento non è raro: buoi introdotti dagli Inglesi in Australia alcuni secoli fa, poi inselvatichiti, in corsa fanno salti di 12 m. I tori e le vacche dipinti in grotta dai Maddaleniani non sono comunque divinità, ma ipotizzo che siano collegati a riti di preparazione alla caccia, che erano sempre pratiche religiose. Questo non deve stupire: nelle prime civiltà urbane, infatti, le religioni erano tutte politeiste. Bisogna tener presente, tuttavia, che ogni religione conferisce un significato diverso alle proprie divinità, anche se il dio ha un medesimo aspetto e cioè corpo umano e testa di uno stesso animale.

Nel tempio di Çatalhöyük, in scultura, oltre al toro, vi erano la dea madre e i leopardi che si affrontano dipinti su intonaco o effigiati in rilievo dipinto su parete. La divinità principale era probabilmente il toro, rappresentato con la sola testa, modellata con terra poi essiccata. In alcuni casi nei templi venivano poste più teste di toro, anche sovrapposte (Fig.78). Il toro è stato trovato nei templi anche dipinto, completo di corpo.

Il dio Montu (Fig.79), appartenente alla religione anch'essa politeista della Civiltà egizia, aveva testa di toro e corpo umano ed era una delle tante divinità. Il dio Nandikeshvara, aspetto teriomorfo di Shiva, con testa di toro e corpo umano (Fig.80), è una delle divinità dell'Induismo.

Nelle sculture paleolitiche che presento è difficile stabilire, tra tipi diversi, quali siano stati fatti contemporaneamente da un medesimo popolo. È possibile invece, attraverso la tipologia, assegnarle a uno stesso periodo che spesso copre anche decine di millenni. Nella Fig.81, una scultura in selce, lunga 11 cm, raffigurante una testa di toro (a sinistra), unita a una umana. Acheuleano. La scultura della Fig.82 è in selce, lunga 9 cm. Rappresenta una testa di toro unita a un'altra sempre dello stesso animale. Musteriano.

Fig.78

Fig. 78 Teste di toro in terracotta. Divinità di Çatalhöyük, prima metà del VI millennio a. C. Museo delle Civiltà Anatoliche, Ankara (Turchia).

Fig. 79   Fig. 80

Fig. 79 Dio egizio Montu con testa di toro e corpo umano. Tempio di Montu (Medamud). Calcare. Periodo Tolemaico (332-30 a. C.). Louvre.
Copyright 2010 Janmad, Gnu Free Documentation License, Creative Commons Attribution-Share Alike 3.0 Unported

Fig. 80 Dio Nandikeshvara con testa di toro (Nandi) e corpo umano. Religione: Induismo (1050-1075 d. C.). Tempio Vamana, Khajuraho (India).
Copyright 2012 Rajenver, Gnu Free Documentation License, Creative Commons Attribution-Share Alike 3.0 Unported

Fig. 81

Fig. 81 Testa di toro (a sinistra) unita a testa umana. Aarhus (Danimarca). Collezione P. Gaietto.

Fig. 82

Fig. 82 Testa di toro unita per la nuca a una testa di toro. Aarhus (Danimarca). Collezione P. Gaietto.

13

Orso

L'orso delle caverne (*Ursus spelaeus*) era di proporzioni gigantesche; ritto sulle zampe posteriori, poteva raggiungere, nell'esemplare maschio, più di 3 m di altezza e un peso anche di 1000 Kg. Visse dall'inizio del Quaternario fino al Maddaleniano, in tutta l'Europa centrale. Era una specie essenzialmente cavernicola. Nella grotta della Basura di Toirano (Savona) ha lasciato le orme dei suoi passi e le tracce degli unghioni sulle pareti, oltre a una cospicua quantità dei resti scheletrici.
Dal Maddaleniano, l'orso bruno (*Ursus arctos*) ha preso il posto dell'orso delle caverne. Vive tuttora nelle regioni montuose di Europa e America, dove viene chiamato orso grigio.
L'uomo ha sempre cacciato l'orso per cibarsene. In certe zone questo animale è stato oggetto di riti di culto. I più antichi luoghi sacri (di culto) del Paleolitico sono stati scoperti nell'Europa centrale e riguardano l'orso. Il primo a trovarli, nel 1917, in Svizzera (Cantone di San Gallo), nella grotta a Drachenloch (Buca del Drago), è stato un maestro svizzero, col figlioletto di 9 anni, Toni. Dal 1917 al 1923 gli scavi furono condotti dall'archeologo Emil Baecher, che vi trovò più di 30.000 resti di orso delle caverne e in particolare un cranio di orso con un femore attaccato allo zigomo, il che non poteva essere che opera dell'uomo, e quindi indizio di un culto dell'orso presso

gli uomini del Paleolitico. Baecher individuò un "luogo di sacrificio", con crani di orso, attribuito al Paleolitico medio, Civiltà musteriana, opera di uomini della specie estinta di Neanderthal. A 50 cm dalle pareti, alcuni muretti di pietra a secco, alti fino a 80 cm, costituivano dei "vani" tra il muretto e la parete, pieni di crani e di altre ossa appartenenti all'orso delle caverne. Si trattava forse di un rituale per propiziare la caccia. In una terza grotta sono stati rinvenuti sei "sarcofagi", formati di lastre di pietra e contenenti numerosi crani di orso posati secondo un ordine accurato. Inoltre sono stati trovati crani di orso appoggiati in certe nicchie della roccia, oltre ad un altro cranio coperto di piccole pietre.

Stessi riti di culto sono stati praticati anche in Germania. Nella grotta Petershohle, presso Velden (Franconia) si sono scoperte numerose nicchie scavate nella parete e riempite di crani di orso delle caverne.

Stessi riti anche nella Drachenhohle (Caverna del Drago), presso Mixnitz (Stiria settentrionale, Austria) dove, oltre a resti di focolari all'aperto e utensili in pietra (65.000-31.000 a. C.), che costituiscono le più antiche tracce dell'uomo in Austria, è stata rinvenuta una fossa con 30 crani di orso delle caverne e alcune ossa lunghe.

Questi riti di culto dei Neanderthaliani si possono osservare presso civiltà artiche moderne e consistono in una offerta di crani e di ossa lunghe di orso a un essere superiore, da cui dipende il successo o l'insuccesso della caccia. Si tratta quindi di una pratica di religione.

La scultura della Fig.83 è in selce e lunga 8 cm. Raffigura una testa di orso con bocca spalancata, probabilmente in atteggiamento aggressivo, unita per la nuca ad altra testa di orso. Musteriano. Nella Fig.84 una scultura rappresentante come la precedente una testa di orso unita per la nuca ad un'altra testa di orso. È in selce ed è lunga 6,7 cm. La scultura della Fig.85 raffigura una testa umana (a sinistra) unita per la nuca a una di orso. È in selce e alta 8 cm. Nella Fig.86, scultura di una testa umana (a sinistra) unita per la nuca una di orso. È lunga 19 cm. Musteriano. Molto piccola la scultura della Fig.87, lunga appena 2,8 cm. Colui che l'ha scoperta l'ha interpretata come "animale stilizzato". La mia interpretazione è: testa di orso completa di corpo senza arti. La scultura della Fig 88 è alta 4 cm Rappresenta una testa di orso. Proviene dalla grotta della Basura di Toirano in Liguria, abitata per lungo tempo dall'orso delle caverne. Nella grotta è stato trovato un cimitero di orsi.

Una testa umana con corpo (a sinistra) unita a una testa di orso è nella scultura della Fig.89, alta 4 cm.

Fig. 83

Fig. 84

Fig. 83 Testa di orso con bocca spalancata, unita per la nuca ad altra testa di orso. Fiordo di Roskilde (Danimarca). Collezione P. Gaietto.

Fig. 84 Testa di orso unita per la nuca a testa di orso. Senigallia (Ancona). Collezione P. Gaietto.

Fig. 85   Fig. 86

Fig. 85 Testa umana (a sinistra) unita per la nuca a testa di orso. Senigallia (Ancona). Collezione P. Gaietto.
Fig. 86 Raffigura una testa umana (a sinistra) unita per la nuca a testa di orso. Località Vesima, Genova. Collezione P. Gaietto.

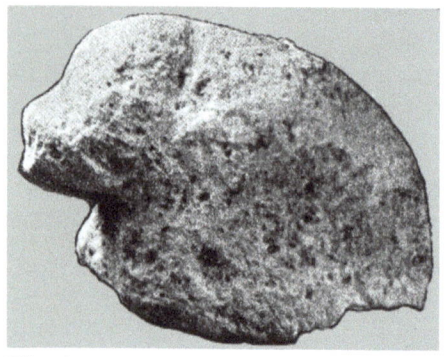 

Fig. 87   Fig. 88

Fig. 87 Testa di orso completa di corpo senza arti. Kostenki (Russia). Da A. N. Rogachev.
Fig. 88 Testa di orso. Grotta della Basura, Toirano (Savona). Collezione P. Gaietto.

Fig. 89

Fig. 89 Testa con corpo umano (a sinistra) unita a testa di orso. Località Palo, Urbe (Savona). Collezione P. Gaietto

Cane

Il cane domestico (*Canis lupus familiaris*) (Fig.90) compare all'inizio del Neolitico, ma nulla sappiamo dei cani selvatici del Paleolitico. Comunque si tratta di una "specie" particolarmente polimorfa, che probabilmente in varie parti del mondo ha avuto differenti origini, da specie di cani selvatici differenti, e che l'uomo ha selezionato per usi diversi. Da questo fatto si possono anche intuire le grandi differenze di forma e dimensione, tra una "razza canina" e un'altra.

Il cane è stato animale sacro per alcune civiltà storiche, anche personificato con la forma di un dio. Anubi era un dio egizio con testa di cane e corpo umano (Fig.91). Un'altra divinità con testa di cane e corpo umano è Amida (Fig.92), incarnazione del Buddha Amitabha, rappresentante di una confessione religiosa sorta nel 1124 d. C. in Giappone. Queste civiltà storiche possedevano già il cane domestico, mentre le civiltà paleolitiche conoscevano solo il cane selvatico, ma ipotizzo che, in alcune religioni, sia stato possibile un legame evolutivo dal cane selvatico a quello domestico, come animale sacro.

Si noti d'altro canto che mentre la tecnologia ha un'evoluzione rapida, le religioni sono lente a evolvere; di fatto, le principali religioni attuali degli ultimi 1000 anni sono rimaste in sostanza immutate, mentre la tecnologia ha conosciuto un'evoluzione continua e con sempre maggiore intensità. Anche il passaggio dalla raffigurazione di una testa di animale sacro scolpita in selce nel Paleolitico alla scultura di marmo della testa di medesima specie di animale con corpo umano si deve principalmente al progresso tecnologico.

La scultura della Fig.93 raffigura una testa umana (a destra) unita a una di cane. È lunga 20 cm. Acheuleano.

Nella Fig.94 la rappresentazione di una testa di cane (a destra) unita a una umana. Altezza 7 cm. Selce. Acheuleano.

La scultura della Fig.95 raffigura una testa umana (a destra) unita a una di cane. Selce. Lunghezza 7,5 cm. Musteriano.

Nella Fig.96 vediamo una testa di cane (a destra) unita a una umana in stile geometrico e simbolico, anche se a prima vista non sembra una testa umana. Il cane ha un occhio rotondo di chiara lavorazione intenzionale, come tutto il contorno della scultura. Comunque si tratta di un'opera atipica. È alta 15 cm, ed è in selce. La fase culturale potrebbe essere il Musteriano, ma bisogna tenere presente che in ogni epoca ci sono state popolazioni con differente abilità degli scultori, sia a livello generale sia individuale.

La scultura della Fig.97 raffigura una testa di cane in vista dall'alto. Ha grandi orecchie e muso lungo e ristretto ai due lati. E stata incavata nella parte sottostante per evidenziare la forma della mandibola. È lunga 4,2 cm.

Fig. 90

Fig. 90 Cane domestico (*Canis familiaris*).

Fig. 91

Fig. 92

Fig. 91 Dio egizio Anubi con testa di cane e corpo umano. La divinità è sempre in scultura. Questo è un disegno di oggi, probabilmente una copia di un dipinto in una piramide.
Copyright 2012 Perhelion, Gnu Free Documentation License, Creative Commons Attribution-Share Alike 2,5 Generic
Fig. 92 Dio Amida con testa di cane e corpo umano. Disegno della scultura in un tempio giapponese per opera di un artista europeo nel 1808.

Fig.93

Fig. 93 Testa umana (a destra) unita per la nuca a testa di cane. Località Palo, Urbe (Savona). Collezione P. Gaietto.

Fig. 94   Fig. 95

Fig. 94 Testa di cane (a destra) unita per la nuca a testa umana. Pescara. Collezione P. Gaietto.
Fig. 95 Testa umana (a sinistra) unita per la nuca a testa di cane. Peschici (Foggia). Collezione P. Gaietto.

Fig. 96   Fig. 97

Fig. 96 Testa di cane (a sinistra) unita per la nuca a testa umana. Rodi Garganico (Foggia). Collezione P. Gaietto.
Fig. 97 Testa di cane. Tiglieto (Genova). Collezione P. Gaietto.

15

Foca

E' probabile che la foca comune (*Phoca vitulina*) (Fig.98) oppure una specie di foca precedente del Quaternario sia giunta sulle coste del Mar Mediterraneo nei periodi freddi.
Le foche del Quaternario, vissute nei periodi di clima caldo, sono sempre state presenti sulle spiagge del Mediterraneo. Di tale animale, l'unica specie tuttora vivente è la foca monaca, che vive ancora nelle zone temperate dell'Atlantico e sulle coste della Sardegna.
Non ho conoscenza di raffigurazioni di foche nei dipinti del Paleolitico: di fatto, i reperti artistici provengono quasi esclusivamente da zone continentali, dove non c'erano foche.
Presso gli Eschimesi (Inuit) del Nord-America erano presenti fino al secolo scorso maschere di legno raffiguranti la testa della foca, usate in cerimonie rituali, collegate alla religione. Probabilmente sono ancora prodotte.
Gli Eschimesi, secondo vari antropologi del secolo scorso, avrebbero avuto origine dalla Civiltà maddaleniana, che produsse dipinti di animali nelle grotte e che, nel Paleolitico superiore, con i cambiamenti climatici, migrò al Nord.
I reperti fossili dell'uomo del Maddaleniano sono del tipo di Chancelade, un mongoloide simile agli Eschimesi. La religione che si deduce dall'arte degli Eschimesi è simile a quella dei Maddaleniani.
Le sirene della mitologia greca, presenti in scultura e in seguito nell'immaginario popolare come donne con le gambe sostituite da corpo di pesce (Fig.99), potrebbero aver avuto origine dai costumi e dalla forma fisica delle foche, che nell'antichità popolavano le spiagge di molte isole della Grecia.
Ipotizzo che la scultura della Fig.100, da me finora considerata una testa di mammifero con collo, rappresenti invece una testa di foca con collo. Proviene dalla Liguria, regione montuosa sul mare, dove la foca era presente. Essendo un animale che vive in mare e sulla terra, dotato di una sua bellezza, la foca potrebbe essere stata un animale sacro.

Fig. 98

Fig. 99

Fig. 98 Foca cancrivora (*Lobodon carcinophagus*) vive nei mari della regione circumpolare.
Copyright 2008 Finavon, CC Public Domanin, National Oceanic and Atmospheric Administration (National Marine Mammal Laboratory).
Fig. 99 Statua della Sirenetta. Bronzo, 1913. E. Eriksen. Ingresso del porto. Copenhagen, Danimarca.
CC BY 4.0 © 2014 Jose Antonio

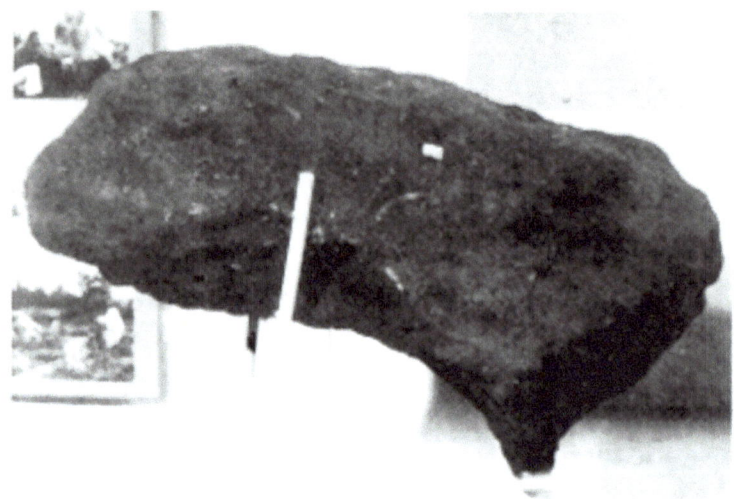
Fig. 100

Fig. 100 Testa di foca con collo. Urbe (Savona). Collezione P. Gaietto.

16

Uccello

Gli uccelli del Quaternario sono poco noti, poiché risulta particolarmente difficile definirli dalle ossa trovate nei siti e che generalmente sono avanzi di pasti dell'uomo. Facendo un rapporto con i grandi mammiferi per i quali queste difficoltà non esistono, le specie di uccelli del Quaternario dovrebbero essere quasi uguali a quelle moderne.
Gli uccelli scelti dall'uomo come "animali sacri" sono i grandi trasvolatori e migratori come il gabbiano (Fig.101), il fenicottero (Fig.102), l'ibis e il cigno; i rapaci come l'aquila, il falco (Fig.103), l'avvoltoio (Fig.104) e altri.

Nei periodi storici, come già visto per i mammiferi, gli uccelli sacri sono raffigurati come divinità con corpo umano. Il bassorilievo assiro della Fig.105 raffigura una testa di aquila con corpo umano e ali e rappresenta un genio. IX secolo a. C. Nel dipinto della Fig.106, si vede il dio egizio Horus con testa di falco e corpo umano. Il bassorilievo della Fig.107 rappresenta un altro dio egizio, Tot, con testa di ibis e corpo umano.

Nelle religioni assirobabilonesi, fenicia, greca, romana, cristiana, l'uomo alato poteva essere di volta in volta un dio, un demone, un genio, un angelo. Nella religione cristiana, l'angelo con le ali (Fig.108) è "puro spirito creato da Dio e suo messaggero presso gli uomini".

Gli uccelli raffigurati nella scultura paleolitica non li ho interpretati per specie, essendo impossibile, ma li ho definiti semplicemente uccelli, giacché hanno una testa e un becco. Gli stessi studiosi della pittura maddaleniana nel 1900 non sono riusciti a interpretare la specie degli uccelli dipinti in grotta.

L'unico utensile (strumento) zoomorfo che presento è un bifacciale (amigdala). L'amigdala è un utensile tipico del Paleolitico inferiore e i tipi più antichi hanno fattura grossolana, mentre i più recenti l'hanno più affinata, come questo che appartiene all'Acheuleano evoluto finale. Le amigdale sono utensili che si impugnano, appoggiate al palmo della mano. Di dimensioni variabili, lunghe da 6 a 25 cm, le più pesanti superano i 1500 grammi di peso, mentre i valori medi risultano di 12 cm e 250 gr.

I paletnologi di 100 anni fa riconoscevano solo l'autenticità degli utensili litici e non percepivano la scultura antropomorfa e zoomorfa del Paleolitico inferiore e medio, che definivano "pietra-figura" casuale. Tuttavia avevano considerato l'amigdala come utensile "più bello del puro necessario", cioè avevano riconosciuto l'origine dell'abbellimento.

Nelle prime civiltà storiche sono sempre esistite due forme di arte:
1) l'arte figurativa, rappresentativa di divinità o altro, e
2) l'arte decorativa per abbellire oggetti.

Le amigdale hanno due tipi di abbellimenti come gli oggetti delle civiltà post-paleolitiche: 1) l'amigdala (comune) ha una decorazione di tipo "armonioso e simmetrico", 2) l'amigdala zoomorfa ha una decorazione di tipo "figurativo", perché imita la forma della testa del cigno o di altro uccello.

Quest'amigdala ha la forma (profilo laterale) della testa di un cigno (Figure 109 e 110). La testa dell'uccello costituisce la decorazione dell'utensile. Questa testa scolpita di cigno è perfettamente uguale a un disegno schematico di testa di cigno senza il collo. È un utensile funzionale e non è mai stato usato. L'ho considerato rituale per la sua bellezza e per la rarità.

Nella protostoria il cigno era animale sacro presso i popoli nordici. Nella Civiltà greco-romana era popolare il mito religioso di Leda e il Cigno. Sono numerosi, infatti, le sculture dell'unione sessuale del cigno con la giovane Leda in Europa, Asia e Africa, nei territori dell'Impero romano.

La scultura del Paleolitico inferiore (Fig.111) raffigura una testa bifronte dell'Acheuleano antico, costituita da una testa di uccello con grande becco (a sinistra) unita per la nuca a una umana. Osservare l'occhio della testa umana ottenuto con un unico colpo sulla dura selce. Lunghezza 10,5 cm. La scultura della Fig.112 è il retro di quella della Fig.111, ma sembra che sia un'altra scultura. Bisogna considerare che quest'opera è di circa 300.000 anni più antica dell'amigdala zoomorfa (Figure 109 e 110) e la tecnica di lavorazione era più grossolana. La scultura della Fig.113 raffigura una testa umana unita a una di uccello (a destra). Il volatile, come nella precedente scultura, ha un grande becco e sembra essere più importante della testa umana che ha uno stile geometrico. Nella Fig.114 la scultura rappresenta una testa umana (a sinistra) con unita per la nuca una testa che (sembra) di uccello. Sul retro e parzialmente sotto ci sono le parti scolpite, mentre nella foto si vede la parte naturale che è stata utilizzata. L'opera risulta deturpata da rotolamento. Musteriano. La scultura della Fig.115 raffigura una testa umana (a sinistra) unita a una di uccello con grande becco curvo. Acheuleano. Nella Fig.116 una testa di uccello con becco (a destra). Lunghezza 8 cm. Musteriano. La scultura della Fig.117 rappresenta una testa che (sembra) di uccello unita per la nuca a una testa umana (a destra). Quella nella Fig.118 raffigura una testa di uccello (a sinistra) unita a una umana. Il becco dell'uccello ha in parte la forma naturale del nodulo di selce, ma la lavorazione è evidente. È fluitata. La si può considerare una scultura atipica. La scultura più grande che presento è quella della Fig.119. Raffigura una testa di uccello con grande becco (a sinistra) unita per la nuca a una testa umana. Acheuleano finale.

La scultura della Fig.120 rappresenta una testa umana (a sinistra) unita a una di uccello. Lunghezza 28 cm. E' stata trovata a Tiglieto (Genova), nella stessa località della precedente. Il becco dell'uccello sembra il profilo del volto di una testa umana in stile di tipo allungato ma, se voltata, si può interpretare come un becco. La scultura della Fig.124 raffigura una testa umana (a destra) unita a una di uccello con grande becco, che è anche realistico. Musteriano. La scultura della Fig.122 proviene dalla Grecia ed è di un tipo che sembra mai trovato nell'Europa occidentale. L'uccello è raffigurato con tutta la testa, il collo e una parte del corpo (in alto) unito a una testa che sembra umana. L'opera è molto deturpata, ma ho deciso di considerarla perché può costituire un indizio e uno stimolo per la ricerca.

Fig. 101   Fig. 102   Fig. 103   Fig. 104

Fig. 101 Gabbiano (*Larus Fuscus*).
Copyright 2011 Magnus Manske, Creative Commons Wikimedia, public domain .
Fig. 102 Fenicottero (*Phoenicopterus ruber*). Museo di Storia Naturale "G. Doria". Genova.
Fig. 103 Falco. Museo di Storia Naturale "G. Doria". Genova.
Fig. 104 Avvoltoio dal collare. Museo di Storia Naturale "G. Doria". Genova.

Fig. 105   Fig. 106   Fig. 107

Fig. 105 Divinità assira. Testa di aquila con corpo umano e ali. Kalakh (Nimrud). Religione estinta.
Fig. 106 Divinità egizia. Dio Horus con testa di falco e corpo umano. La divinità è sempre effigiata in scultura. Questo è un disegno di oggi, probabilmente copia di un affresco in una piramide.
Fig. 107 Divinità egizia. Dio Tot con testa di ibis e corpo umano. Bassorilievo sul retro del trono della statua assisa di Rramesse II. Tempio di Luxor. Egitto.
Copyright 2009 Jon Bodsworth, Wikimedia Commons from Egypt Archive.

Fig. 108

Fig. 108 Religione cristiana. Angelo. Uomo con ali. Ponte Castel Sant'Angelo. Roma. Scultura di Ercole Ferrata. 1667.
Copyright 2007 Tetraktys, Gnu Free Documentation License, Creative Commons Attribution-Share Alike 3.0 Unported.

Fig. 109

Fig. 110

Fig. 109 Utensile bifacciale zoomorfo rituale. Raffigura una testa di cigno (o uccello simile) senza collo. Vista laterale. Lungh. 12,5 cm. Selce. Vieste (Foggia). Collezione P. Gaietto.
Fig. 110 Utensile bifacciale zoomorfo rituale. Vista dall'alto della Fig. 109

Fig. 111

Fig. 112

Fig. 111 Testa di uccello (a sinistra) unita a testa umana. Lungh. 10,5 cm. Rodi Garganico (Foggia). Collezione P. Gaietto.

Fig. 112 Testa di uccello (a destra) unita a testa umana. (retro della scultura Fig. 111).

Fig. 113

Fig. 114

Fig. 113 Testa umana (a sinistra) unita a testa di uccello. Lungh. 17,5 cm. Karaman (Turchia). Collezione P. Gaietto.

Fig. 114 Testa umana (a sinistra) unita a una testa (che sembra) di uccello. Lungh. 14 cm. Monti Lessini, Pian Castagné (Verona). Collezione P. Gaietto.

Fig. 115

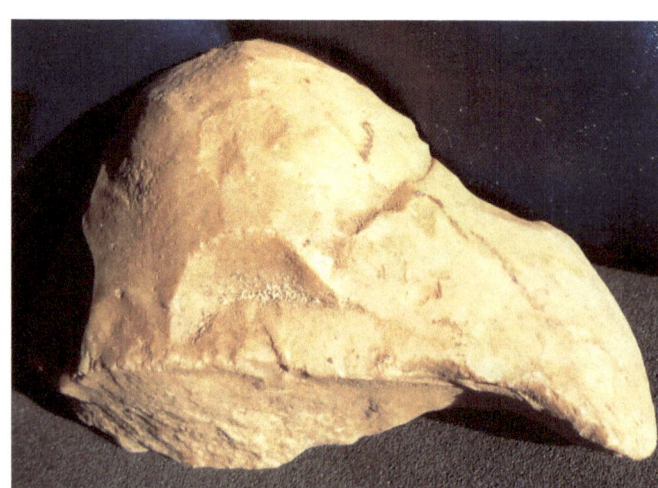
Fig. 116

Fig. 115 Testa umana (a sinistra) unita per la nuca a testa di uccello con becco curvo. Lungh. 8,5 cm. Selce. Rodi Garganico (Foggia). Collezione P. Gaietto.

Fig. 116 Testa di uccello. Lungh. 8 cm. Périgueux (Francia). Collezione P. Gaietto.

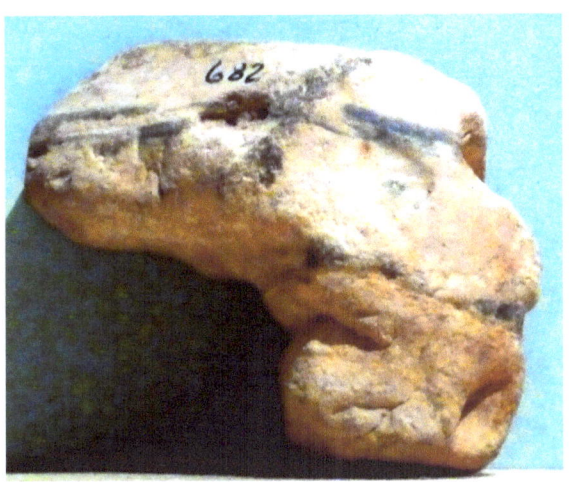

Fig. 117

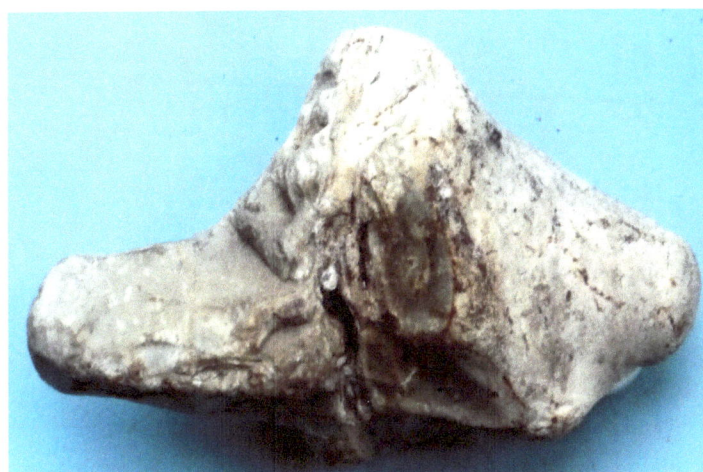

Fig. 118

Fig. 117 Testa di uccello (a sinistra) unita per la nuca a testa umana. Alt. 7 cm. Selce. Rodi Garganico (Foggia). Collezione P. Gaietto.

Fig. 118 Testa di uccello (a sinistra) unita per la nuca a una testa umana. Lungh. 15 cm. Selce. Rodi Garganico (Foggia). Collezione P. Gaietto.

Fig. 119

Fig. 120

Fig. 119 Testa di uccello (a sinistra) unita per la nuca a testa umana. Lungh. 33 cm. Tiglieto (Genova). Collezione P. Gaietto.

Fig. 120 Testa umana (a destra) unita a testa di uccello. Lungh. 28 cm. Tiglieto (Genova). Collezione P. Gaietto.

Fig. 121   Fig. 122

Fig. 121 Testa umana (a destra) unita a testa di uccello. Lungh. 30 cm. Genova, Località Vesima. Collezione P. Gaietto.

Fig. 122 Testa di uccello con collo e parte del corpo (in alto) unita a testa umana. Larissa (Grecia). Collezione P. Gaietto.

17

Pesce

Il pesce o qualche specie di pesce si colloca tra gli "animali sacri". Come il serpente, il pesce è collegato al culto delle acque, fonte della vita, praticato ancor oggi presso molte culture.
Un dio "uomo-pesce" raffigurato in scultura è stato trovato in vari esemplari nel sito di Lepenski Vir, nella Serbia orientale, al centro della penisola balcanica. La denominazione di dio "uomo-pesce" è degli archeologi che l'hanno trovata, perché ha una bocca con grandi labbra che ricordano la bocca del pesce.
La scultura della Fig.123 raffigura un uomo a mezzo busto con le mani sul petto e la testa con sguardo rivolto verso l'alto. Occhi, naso, bocca, mani e ogni altro organo raffigurato hanno uno stile che deforma il reale, ma aumenta l'espressione. Questo tipo di scultura è stato prodotto da un popolo di pescatori del Danubio, e per la forma delle labbra è stato definito "uomo-pesce" come un dio protettore della pesca. La cultura materiale accertata è il Mesolitico.
Le industrie litiche del Mesolitico hanno una certa universalità, giacché sono micro industrie in selce di foggia più o meno geometrica; l'arte, invece, essendo in funzione delle religioni di popoli diversi con tradizioni differenti, era molto varia.
In Europa, molti sono i tipi di arte conosciuti nel Mesolitico. Ne cito solo tre: la scultura antropomorfa e zoomorfa del tipo di Lepenski Vir; i ciottolini colorati dipinti con immagini di tipo astratto, individuati in Francia nella grotta di Mas d'Azil, e trovati in numerosi siti europei; i dipinti in ripari sotto roccia del Levante spagnolo con scene di caccia, di guerrieri in corsa, di combattimenti, di danze.
La scultura di Lepenski Vir rientra in una delle tante linee dell'evoluzione della scultura litica del Paleolitico inferiore, medio e superiore. I ciottolini con dipinti astratti del Mas d'Azil potrebbero essere collegati a incisioni

astratte del Paleolitico medio e superiore; invece i dipinti del Levante spagnolo derivano dai dipinti zoomorfi del Paleolitico superiore (Maddaleniano) cui è stata aggiunta la raffigurazione umana, completa di abiti.

Il Mesolitico separa il Paleolitico dal Neolitico e in certi territori d'Europa e Medio Oriente è molto breve, o non è addirittura esistito. Nel Mesolitico sono avvenuti grandi spostamenti di popolazioni e quindi di civiltà. Il dio mesolitico "uomo-pesce" (Fig.123) per lo stile della raffigurazione scolpita sembra un'opera del Neolitico.

Un'altra scultura di epoca romana (Fig.124), trovata in Francia, raffigura tre divinità, di cui una tricefala con grandi labbra a forma di bocca di pesce, che si suole interpretare come un dio e un uomo-pesce.

La divinità tricefala è un'evoluzione nella raffigurazione in scultura del dio bicefalo o bifronte, sia antropomorfo sia zoomorfo e zoo-antropomorfo. I Celti e i Galli avevano divinità bicefale e tricefale. In Bulgaria era molto diffuso il dio cavaliere tracio con tre teste.

Le labbra del pesce in quanto animale sacro costituiscono la parte che simbolizza l'animale, come le ali degli uccelli negli angeli. Quindi ogni testa umana scolpita con grandi labbra costituisce la divinità "uomo-pesce".

La scultura paleolitica della Fig.125 raffigura una testa umana con grandi labbra. Questo tipo di scultura è all'origine delle divinità che ho citato, che rappresentano un uomo-pesce nelle epoche post-paleolitiche. E' un'opera alquanto danneggiata dagli eventi atmosferici, ma si vedono ancora le incisioni che la ornavano e che probabilmente erano un'acconciatura.

La scultura bifronte della Fig.126 rappresenta una testa di "uomo-pesce", unita a una umana. La raffigurazione è completata da incisioni parzialmente cancellate dal rotolamento. Ritengo appartenga al Paleolitico superiore ma non escluderei l'appartenenza al Mesolitico.

Fig. 123

Fig. 124

Fig. 123 Divinità "uomo-pesce" con grandi labbra (Mesolitico). Lepenski Vir (Serbia).
Copyright 2006 Mazbin, Gnu Free Documentation License, Creative Commons Attribution-Share Alike 3.0 Unported
Fig. 124 Divinità romane con tricefalo con grandi labbra. Dennevy (Francia).

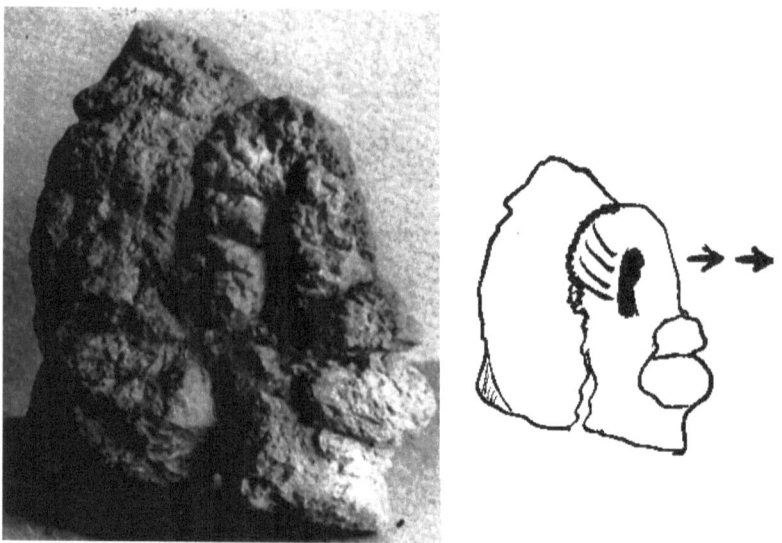

Fig. 125

Fig. 125 Testa umana con grandi labbra. Alt. 32 cm. Rappresentazione di un dio "uomo-pesce". Campoligure (Genova). Collezione P. Gaietto.

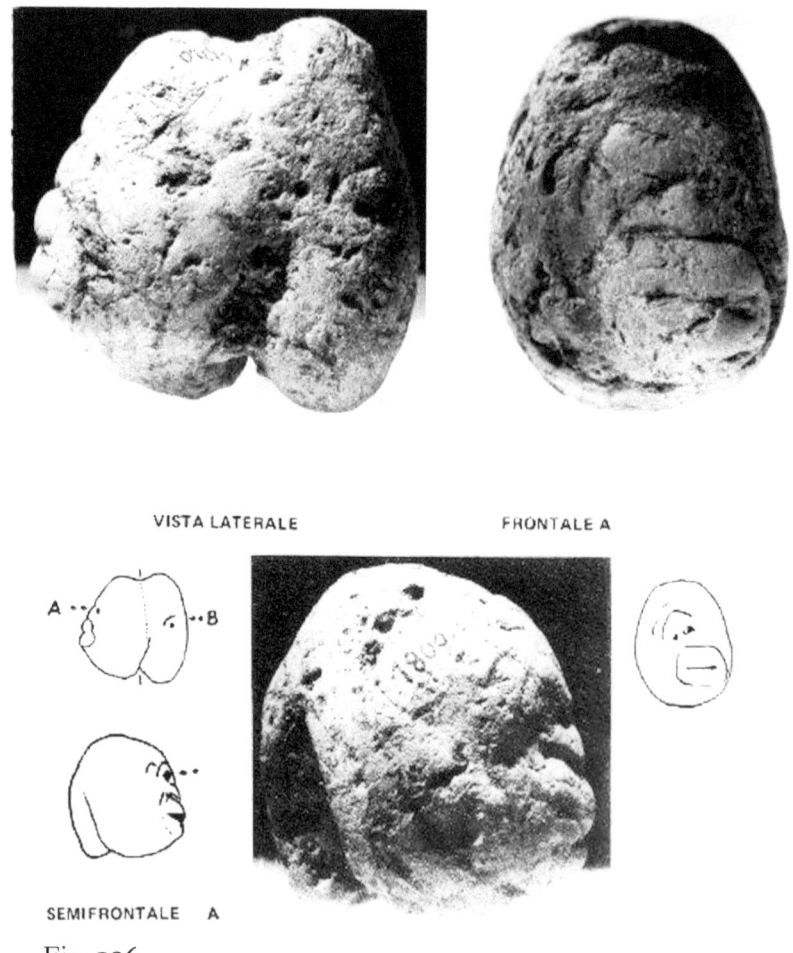

Fig. 126

Fig. 126 Testa umana con grandi labbra unita a una testa umana. Alt. 6,5 cm. Rappresentazione di un dio "uomo-pesce" e di un altro dio. Genova, Località Sestri Ponente, pendici Monte Gazzo. Collezione P. Gaietto.

Serpente

I serpenti sono tutti i rettili appartenenti al sottordine dei rettili squamati; non hanno arti e la locomozione avviene con rapide ondulazioni del corpo. Vivono nelle zone calde e la loro testa (Fig.127) ha generalmente stessa forma in ogni specie, indipendentemente dalla loro dimensione.

Nelle epoche post-paleolitiche, certe specie di serpenti sono state considerate animali sacri presso alcune civiltà, grandi o piccole, in tutto il mondo. In Asia Occidentale, Nord Africa ed Europa, il serpente rientrava nel culto, come testimoniato da importanti opere d'arte di tipo religioso.

Presso gli antichi Egizi, Meretseger era una dea con testa di serpente (Fig.128), con ogni evidenza il cobra, protettrice delle necropoli di Tebe. Veniva anche rappresentata come serpente con testa di donna, oppure come sfinge con testa di serpente o anche come serpente con tre teste, di donna, serpente e avvoltoio.

In Mesopotamia (2700-2500 a. C.) in scultura è noto un dio babilonese, Mingzida, che sorregge in alto due grandi serpenti.

Nella città di Minosse, Creta, (1500 a. C.) la "dea dei serpenti" solleva in alto un serpentello in ciascuna mano, mostrando i propri seni; indossa un abito molto bello.

Serapide era una divinità egizio-ellenistica, il cui culto fu introdotto in Egitto da Tolomeo I. Suoi attributi erano il Tricefalo (leone, lupo e cane) e il Serpente.

Nell'Italia centrale e meridionale, la dea Angizia era associata al culto dei serpenti. Divinità protostorica, ne è documentata l'esistenza in Abruzzo, tra il Neolitico e l'Età romana. Il culto di questa dea è sopravvissuto in Età cristiana, ed è stato "cristianizzato" a Cocullo (provincia dell'Aquila) agli inizi del 1400. È probabile che le connotazioni religiose di questa dea siano state sostituite con quelle di San Domenico Abate. A Cocullo (897 m s. l. m.) il primo maggio si svolge la festa di San Domenico, la cui effigie scolpita è avvolta da serpenti (Fig.129) e portata in processione. I serpenti rimangono sulla statua se la temperatura è fredda; se il clima diviene improvvisamente caldo, strisciano via perché, essendo animali a sangue freddo, col calore ritrovano agilità.

Il Neolitico è maggiormente conosciuto nella cultura materiale (industrie, domesticazione animali, coltivazioni vegetali) che non in quella spirituale (arte, religione), ed ha avuto inizio in Asia sud-occidentale vari millenni prima che in Europa.

Una dea-serpente era adorata nelle case-santuario nel 6000 a. C. nel Nord della Grecia.

Non mi risultano sculture di serpenti nel Neolitico, ma soltanto incisioni e rilievi, generalmente spire di serpente, che sembrano decorazioni.

La mia ipotesi è che nel Paleolitico questo animale, inteso come "animale sacro", e interpretabile attraverso la scultura, possa esserci stato nell'ultimo interglaciale, precedente l'ultima glaciazione. Ma, poiché non ho mai pensato che potesse essere stato raffigurato, non l'ho mai cercato nell'infinità di manufatti litici che ho selezionato in mezzo secolo.

Va qui ricordato che il Paleolitico superiore in Europa occidentale ha avuto una durata maggiore che nell'Asia sud-occidentale, e che la cultura spirituale delle popolazioni di queste zone ci è nota solo dall'arte dei siti più importanti, dove sono state possibili datazioni assolute, che generalmente rappresentano singole piccole civiltà. Nelle zone periferiche di queste civiltà, reperti di sculture, probabilmente della stessa epoca, presentano difficoltà per l'interpretazione cronologica.

La scultura della testa di un serpente della Fig.130 è stata trovata sui monti della Liguria a Tiglieto (Genova). È lunga 6 cm ed è stata rinvenuta in un bosco in superficie. Non è databile. Potrebbe appartenere al Paleolitico superiore e finale come pure al Mesolitico o al Neolitico, comunque un solo reperto e di un solo tipo è insufficiente per una valutazione, ma ho ritenuto necessario segnalarla, in quanto potrebbe essere utile nell'eventualità di nuove scoperte.

Nell'interpretazione evoluzionista, le popolazioni montane della Liguria avevano una tradizione di scultura, assente in altre zone.

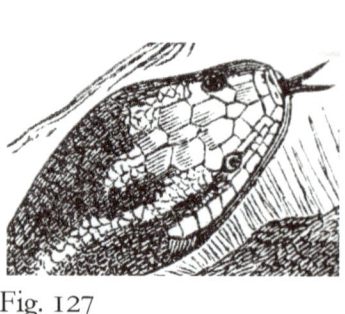 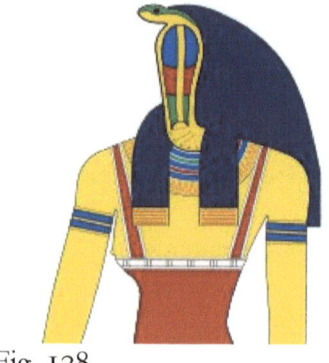

Fig. 127   Fig. 128

Fig. 127 Testa di serpente (pitone). Disegno di fine XIX secolo.
Fig. 128 Dea egizia Meretseger con testa di serpente. Copia di affresco all'interno di una piramide.
Copyright 2013 A.Parrot, Gnu Free Documentation License, Creative Commons Attribution-Share Alike 3.0 Unported

Fig. 129   Fig. 130

Fig. 129 Scultura di San Domenico Abate portata in processione avvolta dai serpenti. Religione cristiana, cattolicesimo.
Fig. 130 Testa di serpente. Lungh. 6 cm. Tiglieto (Genova). Collezione P. Gaietto.

Scritti e iniziative culturali dell'Autore

"L'arte nasce agli albori del Quaternario" (Sabatelli, Savona, 1968)
"Arte vergine" (C.S.I.O.A., Genova, 1974)
"Favola itinerante dell'uomo dell'Età della Pietra in Liguria" (G. & G. Del Cielo, Genova, 1976)
"Prescultura e scultura preistorica" (E.R.G.A., Genova, 1982)
Une sculpture zoomorphe suspendue du Mousterien (Congrès International de Paléontologie humaine, Nice, 1982)
Une sculpture anthropomorphe aux deux faces du Surrey (Primeval Sculpture I, Primigenia, 1984)
Un gisément moustérien sans art au Liban (ibidem)
The anthropomorphous double-faced divinity in the sculpture of the Lower and Middle Paleolithic (Primeval Sculpture II, Primigenia, 1984)
To be or not to be: that is the question (Primeval Sculpture III, Primigenia, 1984)
Fondazione e direzione del Museo delle Origini dell'Uomo (www.museoorigini.it, 2000)
Il volto megalitico di Borzone (Paleolithic Art Magazine, www.paleolithicartmagazine.org, 2000)
L'abbigliamento nelle "Veneri" di Liguria, Austria e Messico (ibidem)
L' intuizione di Boucher de Perthes (ibidem)
L'urlo di Homo Erectus (ibidem)
L'antica ceramica zooantropomorfa del Messico in relazione alle "Veneri" bifronti paleolitiche dei Balzi Rossi (ibidem)
Il bifrontismo con gli uccelli (Paleolithic Art Magazine, 2001)
Una scultura litica zooantropomorfa bifronte dell'Acheuleano evoluto di Roma-Torre in Pietra interpretata attraverso la tipologia delle sculture (ibidem)
L'origine dell'arte decorativa è nell'Acheuleano (ibidem)
Gli utensili litici e gli utensili lignei per la fabbricazione di utensili e sculture litiche nell'Acheuleano (ibidem)
Arte e Paletnologia (ibidem)
Una scultura litica zooantropomorfa bifronte dell'Acheuleano evoluto dell'Italia meridionale (ibidem)
Una scultura litica antropomorfa bifronte del Paleolitico inferiore della Danimarca (ibidem)
I cibi artistici rituali in Italia, da Homo Erectus a Homo Sapiens Sapiens (ibidem)
Aspetti della cultura materiale e della cultura spirituale nelle scoperte dell'Archeoastronomia e loro inserimento nella Paletnologia (Convegno Internazionale di Studi Liguri, 2002)
Breve storia delle scoperte dell'arte del Paleolitico inferiore, e ipotesi sul futuro della ricerca (Paleolithic Art Magazine, 2002)
L'idolatria nei colossi antropomorfi paleolitici e post-paleolitici (ibidem)
Affinità tra la Venere paleolitica con due teste dei Balzi Rossi (Liguria) e la Venere neolitica con due teste di Campo Ceresole (Lombardia)
Le Erme quadrifronti di Roma (ibidem)
Un ritratto umano scolpito 200.000 anni fa descritto con la didattica dell'arteologia (ibidem)
Il colosso di Whangape della Nuova Zelanda attribuito al Paleolitico superiore (ibidem)
Una doppia statuina antropomorfa del Paleolitico superiore (Paleolithic Art Magazine, 2007)
Definizione degli studi sull'arte del Paleolitico inferiore e medio (Paleolithic Art Magazine, 2009)
Erotic Art? ("100.000 years of Beauty", Gallimard, Paris, 2009)
Filogenesi della Bellezza, 2008 (www.Lulu.com)
Cellule intelligenti e loro invenzioni, 2010 (www.Lulu.com)
Erotismo e religione, 2011 (www.Lulu.com)
Scultura antropomorfa paleolitica, 2012 (www.Lulu.com)
Catalogo della scultura paleolitica europea Collezione Gaietto, 2012 (www.Lulu.com)
Gli animali sacri nella scultura del Paleolitico Loro evoluzione nelle religioni protostoriche e storiche, 2013 (www.Lulu.com)

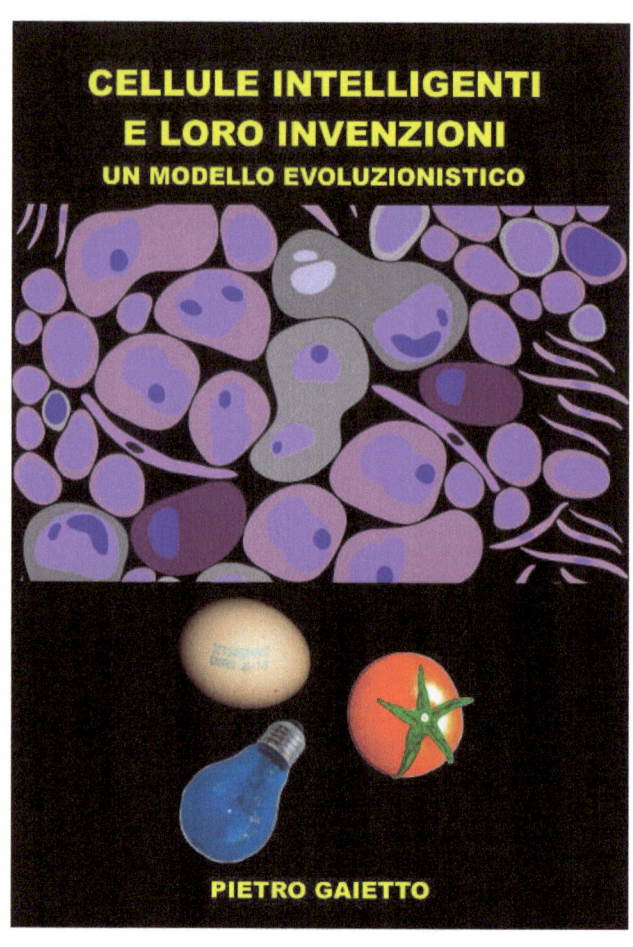
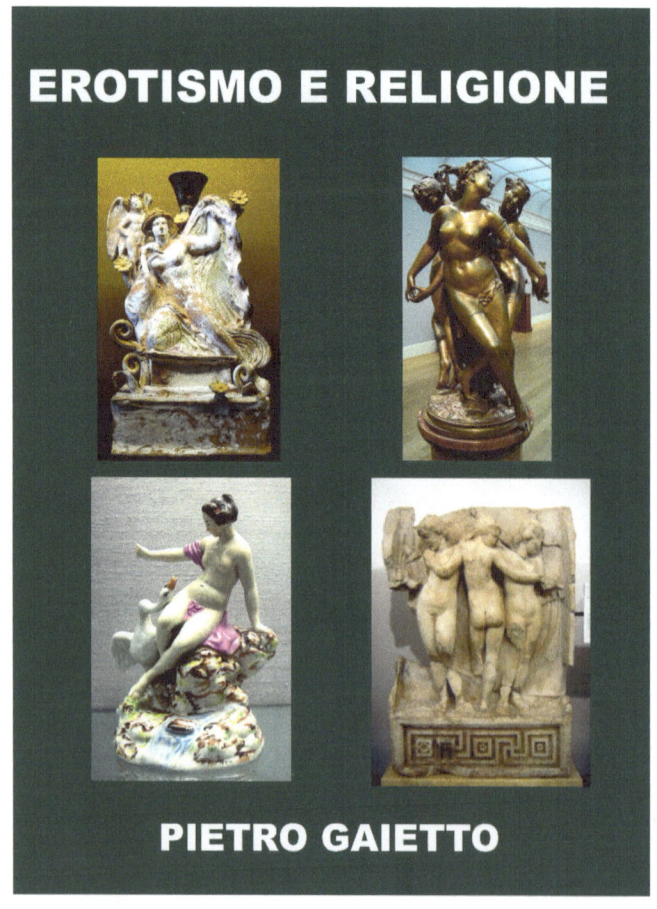

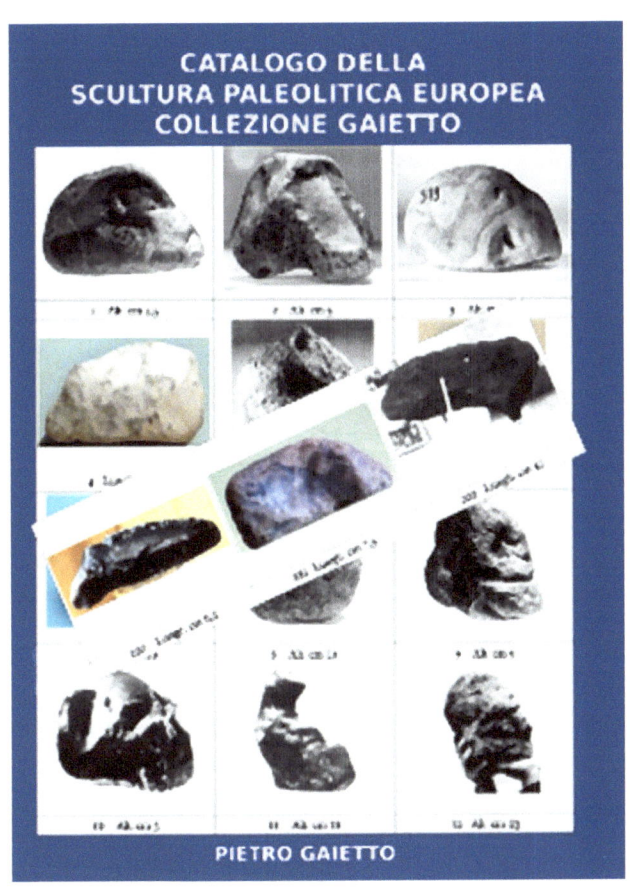

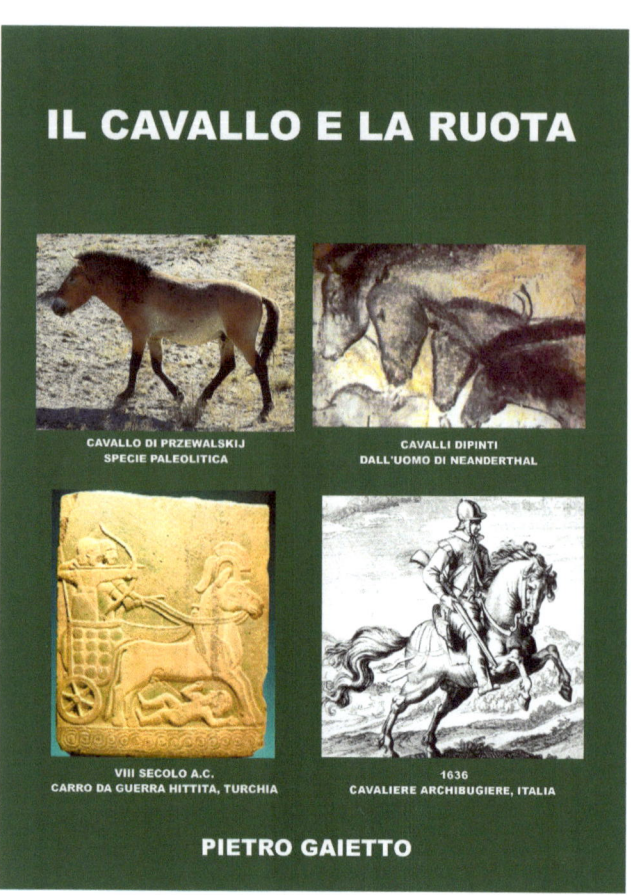

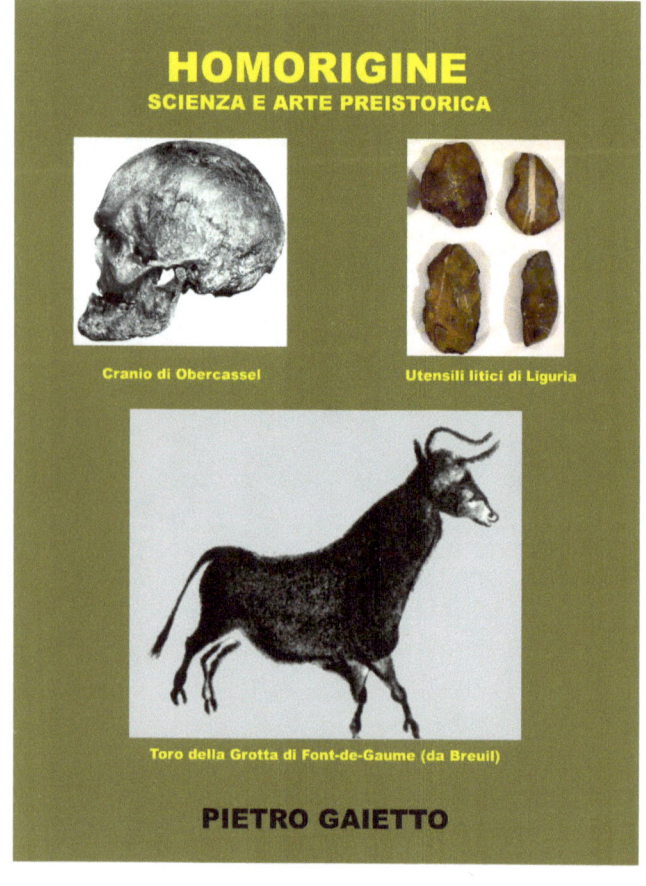

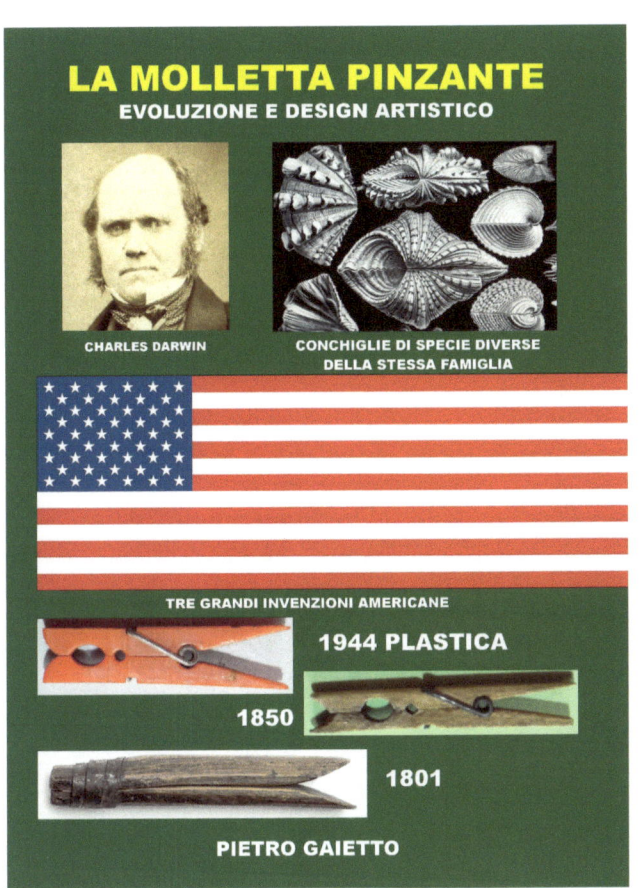
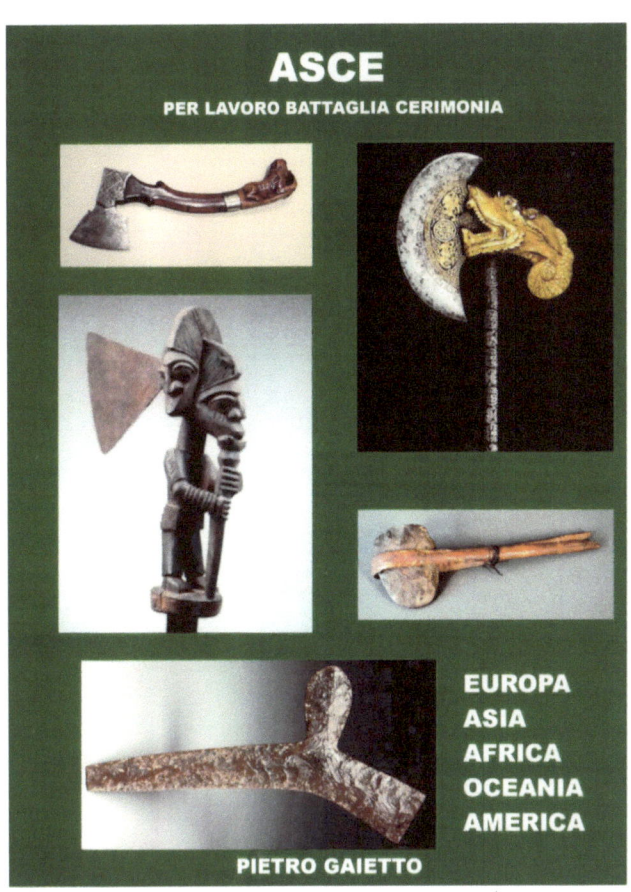
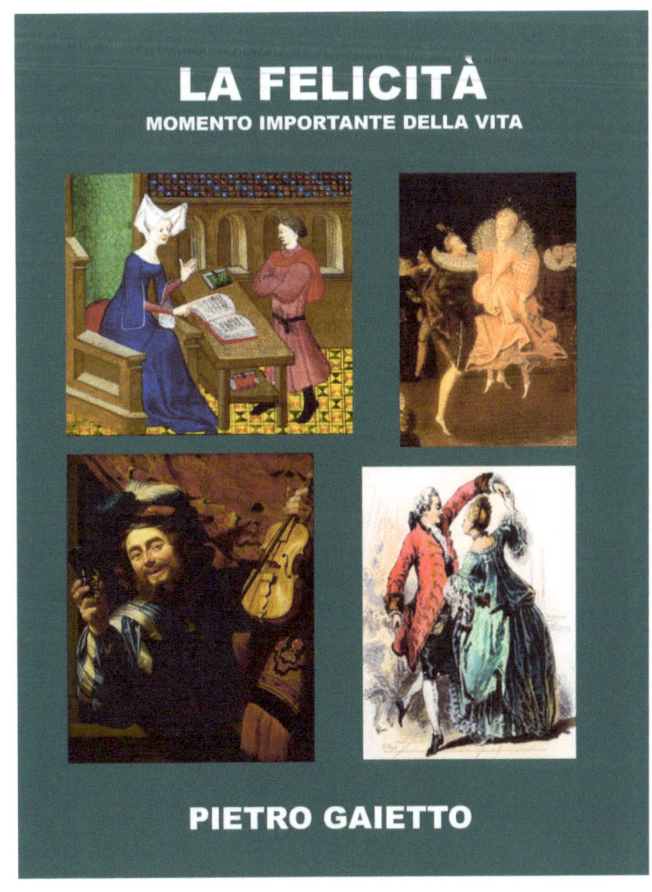

www.ingramcontent.com/pod-product-compliance
Lightning Source LLC
Chambersburg PA
CBHW051046180526
45172CB00002B/545